中国航空工业史丛书

中国运输机简史

中国航空工业集团有限公司
编修史办公室　组编

U0213665

航空工业出版社
北　京

内 容 提 要

运输机是指能够转移、运送人员或物资的一类飞机。自 1951 年新中国航空工业创建以来，在党和国家的高度重视下，经过几十年的艰苦奋斗，建立了完整的军民用运输机科研生产体系，生产交付了数千架飞机，为国防现代化建设和经济社会发展作出了重要贡献。进入新时代，在以习近平同志为核心的党中央的亲切关怀下，以运 20 大型运输机、C919 干线客机投入使用为重要标志，中国运输机事业正鲲鹏展翅、载梦飞升。

本书以中国运输机事业发展为主题，以军民用运输机产品研制为主线，兼顾工业布局和技术发展，全面回顾了中国运输机事业发展的历史进程，客观总结了辉煌成就和经验教训，热情讴歌了几代航空人铭记初心、赓续奋斗、航空报国、航空强国的精神风貌。本书是航空工业系统干部员工、军工历史爱好者、社会大众值得一看的航空历史读物。

图书在版编目（ＣＩＰ）数据

中国运输机简史 / 中国航空工业集团有限公司编修史办公室组编. -- 北京：航空工业出版社，2023. 12
ISBN 978-7-5165-3557-8

Ⅰ．①中… Ⅱ．①中… Ⅲ．①运输机 - 技术史 - 中国
Ⅳ．①V271.2-092

中国国家版本馆 CIP 数据核字（2023）第 237552 号

中国运输机简史
Zhongguo Yunshuji Jianshi

航空工业出版社出版发行
（北京市朝阳区京顺路 5 号曙光大厦 C 座四层　100028）
发行部电话：010-85672666　010-85672683

文畅阁印刷有限公司印刷　　　　全国各地新华书店经售
2023 年 12 月第 1 版　　　　　　2023 年 12 月第 1 次印刷
开本：889×1194　1/32　插页：8　　字数：101 千字
印张：5.5　　　　　　　　　　　定价：48.00 元

《中国运输机简史》编写组

主　编：周国强

副主编：吴基伟　赵安安　姚　平

成　员：尹　佳　闫　东　于洪涛

　　　　孙晶梅　陈创利　车永业

　　　　吴怡凡　成书民　李奕佳

　　　　白晓燕　宇文聪斌　杨春莹

　　　　关　军　王莉芳　高　群

　　　　王玲玲

中国航空工业史丛书

总　序

凭虚御空，腾云驾雾，像雄鹰一样在天空翱翔，是人类共同的梦想。中华民族自古就有嫦娥奔月等许多飞天升空的神话传说。勤劳智慧的中国古人还发明了风筝、竹蜻蜓、孔明灯、"火箭"等飞行器具，促进了世界航空科技启蒙。

借助现代科学技术，人类的飞行梦在20世纪成为现实。1903年12月17日，美国莱特兄弟的"飞行者"1号飞上蓝天，开启了人类航空史的新纪元，航空工业也随之萌芽发端。飞机作为20世纪人类最伟大的发明之一，受到世界大国强国的高度重视和大力发展，在军事、科技、经济、民生等领域发挥着不可替代且日益重要的作用，成为名副其实的"大国重器"。

1909年9月21日，中国人冯如驾驶自己设计制造的"冯如一号"飞机，在美国奥克兰附近的派德蒙特山丘试飞成功。以此为标志，中国的航空事业从远古神话传说和古代飞行器具中走来，开启了新的历史进程。

从 1909 年至 1949 年，是近代中国航空工业发展时期。在孙中山先生"航空救国"思想感召下，以冯如、潘世忠、杨先逸、王助、巴玉藻等为代表的中国航空先驱，为此做出了不懈努力；出于军事需要，各个时期的政府、军阀都对航空工业的发展寄予极大热情。但由于政治腐败、政局动荡、兵连祸结、科技与经济十分落后，航空工业发展成效甚微。

在艰苦卓绝的革命战争年代，中国共产党就利用各种渠道资源，积极培养飞行员与航空工程技术人才。新中国成立后，毛泽东、周恩来等党和国家领导人亲自谋划和决策，于 1951 年 4 月 17 日颁布《关于航空工业建设的决定》，新中国航空工业正式创建。到 20 世纪 70 年代末，通过"一五""二五"时期的重点建设和大规模"三线"建设，基本完成航空工业的布局，实现了从飞机修理到引进生产，再到自行设计的"三级跳"；为建立中国导弹工业[①]作出了

---

① 其间，战术导弹工业的管理体制经过几次调整。1976 年，根据上级要求，第三机械工业部向第八机械工业总局、第四机械工业部移交了 29 个工厂和 7 个事业单位，总人数 4.75 万人。此后，航空工业只承担空空和海防导弹研制生产任务。

突出贡献，生产研制了多型空空、地空、海防导弹及其发动机、成附件，大国航空工业初显格局气象。

从党的十一届三中全会召开至 20 世纪末，是中国航空工业在改革开放大潮中探索奋进、再造魂魄的 20 年。航空工业战线克服巨大困难与挑战，统筹生存与发展两大任务，不断解放思想、转变观念、转机建制，勇闯市场、走向世界，进行了军民结合、内外结合的艰苦探索，取得了新的发展成绩，展现出新的生机与活力。

进入 21 世纪，航空工业迎来新的战略机遇期，军民机、发动机、机载系统研制都取得重大突破，科技研发能力、行业综合实力大幅攀升，走上了自主创新的道路。特别是党的十八大以来，航空工业在以习近平同志为核心的党中央的坚强领导下，聚焦航空强国建设，加快推进改革调整、创新驱动、高质量发展，取得新的重大成绩。尤其是航空武器装备呈现出全型谱系列化发展态势，实现从第三代到第四代、从有人到无人、从中小型到大型、从机械化到信息化的全面跨越；民机形成两型干线（C919、CR929）、两型支线（ARJ21 和新舟700）、AG 系列通用飞机、AC 系列直升机整体发力的新态势；航空发动机加快创新突破；航空科技进入体系性创新阶段。航空工业正奋进新时代，展现新气象。

经过几代人的不懈奋斗，新中国航空工业已走过 70 多年奋进征程，取得辉煌成就，突出体现在：研制生产了大量军民机、航空发动机、机载武器、机载系统，有力地支撑了强军之路，服务于强国战略；建立了完整而先进的航空科技与工业体系，在许多领域达到或者接近世界先进水平；培养了一支规模宏大、素质精良、矢志报国的航空科技、管理与技能人才队伍，著名飞机设计大师、飞机空气动力设计奠基人、航空战略科学家、中国科学院与中国工程院院士顾诵芬同志荣获"2020 年度国家最高科学技术奖"；熔炼并形成了具有鲜明行业特质的"航空报国"精神，感召着广大航空人忠诚奉献、逐梦蓝天。

新中国航空工业发展的辉煌成就，是在党中央的坚强领导和亲切关怀下取得的。几代中央领导集体站在党和国家事业全局的战略高度，以举国之力发展航空工业。各个时期，党政军领导同志都深入航空工业视察指导，给科研生产一线以巨大鼓舞与鞭策。党的十八大以来，习近平总书记总揽新时代党和国家事业全局，作出建设航空强国的重要指示，引领航空工业发展进入新时代。2021 年 4 月 16 日，"新中国航空事业发展 70 周年座谈会"在京举行，体现了党中央对航空工业发展的高度重视与殷切期望。

新中国航空工业发展的辉煌成就，也是几代航空人在党的领导下，不忘初心、牢记使命、薪火相传，用智慧、汗水乃至生命奋斗出来的：他们中有的为航空工业的创建与布局呕心沥血、开基立业，有的为航空科技的创新与突破不畏艰险、勇攀高峰，有的为航空工业的改革与发展夙兴夜寐、奋力开拓，有的因积劳成疾倒在工作岗位上，更有千千万万的人扎根平凡岗位辛勤耕耘、默默奉献——这幅几代航空人的群体画像镌刻在新中国航空工业的丰碑之上，感召着新时代航空人赓续奋斗，再建功勋。

自"冯如一号"飞上蓝天以来，中国航空工业 110多年的发展史，特别是新中国航空工业 70 多年奋进史，是近代以来中国波澜壮阔工业化、现代化进程的壮丽篇章，见证了中国人民从站起来、富起来到强起来的伟大飞跃。这个历史已有深厚积淀，而且还在不断铺展向前。

中华民族有着盛世修史的优良传统，我们党也历来重视党的历史的总结与传承。特别是党的十八大以来，习近平总书记和党中央对学史用史作出一系列重要论述与重大部署，用党的奋斗历程和伟大成就鼓舞斗志、明确方向，用党的光荣传统和优良作风坚定信念、凝聚力量，用党的实践创造和历史经验启迪智慧、砥砺品格。党的十九届六中全会作出的《中共中央关于党的百年奋斗重大成就和历史经验的决议》，是以史为鉴、开创未来、实现中华民族伟大复兴的行动指南。

中国航空工业的历史，特别是新中国航空工业史，是党和国家历史的重要组成部分。把航空工业的历史记载好、学习使用好，既是学史明理、学史增信、学史崇德、学史力行，建设新时代航空强国的客观需要，也是传承航空工业历史、弘扬航空报国精神的文化自觉。中国航空工业集团有限公司（简称航空工业集团）党组深入学习贯彻习近平总书记和党中央有关重要论述与部署要求，加强组织领导，设立修史机构，建立制度机制，全面推进修史、学史、用史工作。

中国航空工业跨越百年时空，历史厚重，事业恢弘。为将航空工业各方面的历史以一种合理的架构呈现出来，我们在前期"中国航空工业史丛书"五大系列的基础上，结合实际进行调整，形成新的七大系列，统一编修规范、装帧和风格，规范开展编修出版工作。

一为"总史/集团史"。"总史"是指整个中国航空工业的行业史。从2008年起，中国航空工业陆续分为三家集团，这里的"集团史"特指航空工业集团的历史。

二为"专业史"。是指中国航空工业中相对独立的专业或系统的发展史，如军用飞机、民用飞机、直升机、发动机、机载系统、机载武器等。

三为"专题史"。是指中国航空工业研制生产的重要航空产品型号，以及改革发展重要业务的历史，如改革调整、国际化、管理创新等。

四为"企事业单位史"。是指中国航空工业各企事业单位的历史，包含本单位一个时期的全面工作。

五为"人物"。用于记载中国航空工业历史上作出突出贡献的管理者、科技专家和技能人才的先进事迹，以弘扬航空报国精神，凝聚力量，感召来者。

六为"史料资料"。用于归集经过整理的中国航空工业史料资料，既可作为资料存档，也可作为读物出版。

七为"简史"。是指以简史的形式呈现中国航空工业的历史，方便读者阅读，利于学习传播。

以上七类各有侧重，自成系列，从不同方面反映中国航空工业的发展历程，同时又相互衔接、相互补充，形成航空工业的完整历史。

党的二十大擘画了以中国式现代化推进中华民族伟大复兴的宏伟蓝图，发出了为全面建设社会主义现代化国家、全面推进中华民族伟大复兴而团结奋斗的伟大号召。在新时代新征程中，航空工业肩负着重要使命。在以习近平同志为核心的党中央坚强领导下，航空工业全线将自觉从历史中汲取智慧和力量，弘扬航空报国精神，担当航空强国使命，谱写党的航空事业发展新的历史篇章，为实现中华民族伟大复兴的中国梦而赓续奋斗。

中国航空工业史编修领导小组

前　　言

　　顾名思义，"运输机"是用来运输人员和物资的一类飞机。广义的运输机是指用于载客运货的一切大中小各类各型飞机，包括固定翼飞机和旋翼机。狭义的运输机则是指其中的大中型固定翼飞机，业界所言"运输机"一般指此，而小型运输类飞机一般归入通用飞机范畴，旋翼机则归入直升机范畴。本书所言运输机，指大中型固定翼运输机。考虑到中国运输机是从无到有、从小到大发展而来，因此运5、运11、运12等按目前标准应属通用飞机类，但在历史上有重要标志性意义和影响力的型号也应纳入本书范畴。

　　运输机在军民两大领域应用都十分广泛。民用运输机用于非军事领域的载客运货，一般分为干线机和支线机，是经济社会生活中一种快捷、方便、经济、安全、舒适的运输工具。军用运输机用于空运兵员、武器装备和其他军用物资及空投空降，一般分为小、中、大、重四种，是现代战争中提高部队机动性和应变能力的重要装备。世界各军事强国、航空强国都十分重视运输机的发展。

世界运输机经历百余年发展进程，呈现出一些显著趋势和规律。一是飞机越来越大。目前美、俄、欧、中都能够研制大型运输机。其中安 -225 最大起飞重量达到 640 吨；A380 最大载客量超过 550 人。二是速度越来越快。大部分飞机实现了高亚声速经济巡航。欧洲和苏联在 20 世纪六七十年代还分别研制出"协和式"、图 -144 超声速客机，并投入民航运输。经济和环境可承受的超声速运输机，正成为大国强国竞相研究的一个重点方向。三是平台性越来越强。一型飞机可以通过升级功能系统，加装任务系统，满足军民用多种任务需求。民机平台改军用也较普遍。四是成本越来越高。这是为飞机性能、功能要求的日益苛刻所付出的必然代价。五是越来越好用易用。飞机使用的经济性、安全性、可靠性、维修性、保障性和飞机寿命等越来越高，应用日益广泛。

进入 21 世纪，随着新一轮科技革命与产业变革加速演进，运输机在不断提升性能、拓展功能的同时，正朝着绿色制造、低碳运营、智能服务等各种体系深入融合的方向发展。

中国运输机是世界运输机的重要组成部分。在抗日战争时期，国民党第二飞机制造厂在重庆南川县山区的天然溶洞"海孔洞"中，于1944年自行设计了中国第一架双发11座运输机"中运一号"，并于其后改进设计制造了"中运二号"，但均未实现量产和投入使用。1949年新中国成立后，于1951年创建了航空工业，发展中国运输机工业的重任历史性地落到新中国航空工业的肩上。1957年，航空工业成功仿制运5（安-2）活塞式双翼小型运输机，运输机工业由此发轫，截至2022年已走过65年的奋进征程，取得举世瞩目的辉煌成就。65年来，运输机工业与新中国航空工业发展相伴生、相始终、相一致，大致经历了四个发展阶段。

第一个是创建和起步阶段（1957—1978）。通过"一五""二五"计划时期苏联援建航空工厂、航空工业"三线建设"和"地方办航空"等，到20世纪70年代，中国逐步建成西安、汉中、上海三大运输机研制基地，形成了运输机工业布局；开展了运5、运7、运8等型号仿制和运10、运11等型号自行设计，形成了运输机研制生产的初步能力。

第二个是国际合作的探索阶段（1978—1999）。改革开放后，航空工业抓住国家大力发展交通运输业的机遇，实现运 7、运 8、运 12 等系列型号投入使用。推进民机国际合作，在上海合作组装 MD-82/83 干线飞机；同时，探索通过国际合作研制先进民机的道路，但几个项目均遭受挫折。

第三个是加快发展的转折阶段（1999—2012）。进入 21 世纪，中国综合国力持续快速增长，运输机发展迎来重大转折。ARJ21 新型涡扇支线客机研制立项并实现首飞；大型飞机重大科技专项立项，运 20 大型运输机和 C919 干线客机启动研制；新舟 60 系列、运 12 系列、运 9 等改进机型走向国内外市场。

第四个是加快腾飞的振兴阶段（2012—2022）。党的十八大以来，在新时代强国强军战略指引下，中国运输机的发展取得历史性突破，成为新时代航空强国交响乐的重要乐章。其中，运 20 大型运输机研制成功并列装成军，成为新时代大国强军的一张靓丽名片。C919 干线客机、ARJ21 新支线客机完成适航取证，投入航线运营；中俄宽体客机 CR929、国产新型涡桨支线客机新舟 700 开展研制。

经过几代人的艰苦创业、艰辛探索和接续奋斗，中国运输机事业的发展取得举世瞩目的巨大成就，显著地体现在三个方面。一是在产品层面，初步形成覆盖军民两大领域、大中小型号齐备并不断丰富的产品系列，为国防建设、国民经济发展作出了重要贡献。特别是运20和C919的研制成功和投入使用，使得几代航空人孜孜以求、国人一往情深的"大飞机梦"梦想成真。二是在技术层面，基本建立了研制先进运输机的设计、试验、制造体系，具备较强的科技创新能力，研制技术达到或接近国际先进水平，基本形成以我为主研制先进型号产品的能力。三是在产业层面，形成了陕西（西安和汉中）、上海两大运输机研制生产基地，逐步建立了航空运营支持和服务保障的体系与能力，并在成都、沈阳、西安、南昌等地形成了机头、机身、机翼、起落架和机载系统等专业化供应商体系，逐步构建了国产运输机产业链和创新链。

以上这些成就，是在党中央、国务院、中央军委的坚强领导下，在几代中央领导集体的亲切关怀下，在全国各行各业大力支持下取得的。特别是党的十八大以来，以习近平同志为核心的党中央站在党和国家事业发展的战略高度，着眼新时代强国强军事业全局，高度重视航空工业创新发展，习近平总书记多次视察航空工业，作出系列重要指示批示和重大部署，并发出"为把我国建设成为航空强国而不懈奋斗"的伟大号召，激励和鞭策着广大航空人铭记初心、担当使命、接续奋斗，不断把党的航空事业推向前进。

中国运输机发展的巨大成就，也是几代航空人倾心、倾情、倾力拼搏奋斗出来的。以徐舜寿、马凤山等为杰出代表的航空科研工作者，与研制战线广大干部职工和试飞员们，为振兴中国航空工业、发展运输机产业鞠躬尽瘁、呕心沥血。千千万万航空人持续数十载的拼搏、奉献和牺牲，共同谱写了我国运输机事业发展的壮丽篇章。

但也要看到，目前我国运输机的发展较西方航空强国尚有明显差距。尤其民机产业在全球已形成高度垄断格局的条件下，难度和挑战更大。在建设航空强国征程中，运输机战线任务艰巨、使命光荣，必须坚定信心、踔厉奋发、赓续奋斗。

习近平总书记指出："重视历史，研究历史，借鉴历史，可以给人类带来很多了解昨天、把握今天、开创明天的智慧。""走得再远，走到再光辉的未来，也不能忘记走过的过去，不能忘记为什么出发。"我们组织编纂《中国运输机简史》，既是为了回望历史、留下记忆、传承文化，更是为了坚定历史自信，增强历史主动，强化历史担当，推进运输机事业加快创新发展。同时，也是为了向关心和支持我国运输机事业发展的各界人士提供一本较为系统而又简明的历史读物，以飨读者。

编　者

2023 年 10 月

目　　录

第一章
运输机工业的布局与飞机制造的起步（1957—1978）

　　1951 年 4 月 17 日，中央人民政府人民革命军事委员会和政务院颁发《关于航空工业建设的决定》，并于 18 日发文在重工业部下设航空工业管理局（简称航空工业局），新中国航空工业在抗美援朝的硝烟中诞生。从此到改革开放之前，在党和国家的高度重视下，在各行各业的大力支持下，航空工业克服"大跃进""文化大革命"的干扰和破坏，基本完成航空科研生产体系布局，实现飞机修理—仿制—自行设计的连续跨越，取得举世瞩目的巨大成就。在航空工业的体系格局之下，中国运输机工业开局起步。

第一节
运输机工业基本布局的形成

从 20 世纪 50 年代末至 70 年代，中国先后在西安、汉中、上海等地建立飞机制造厂和设计所，承担运输机研制生产任务，形成运输机工业的基本布局。

一、西安飞机制造厂的创建

"二五"计划时期，航空工业第二批大规模的航空工厂和科研单位建设开始向内地扩展，国家决定在西北地区建设一套轰炸机厂。1956 年，轰炸机厂及其配套专业化工厂选址甘肃张掖沙井子，年底破土兴建。后因考虑单独在尚未开发的张掖建厂很不经济，第二机械工业部（简称二机部）[①] 会同建筑工程部向上请示，国务院副总理李富春、薄一波批示轰炸机厂不在张掖建设。1957 年

[①] 新中国航空工业创建后，航空工业管理局先后设在重工业部（1951—1952 年）、第二机械工业部（1952—1958 年，简称二机部）、第一机械工业部（1958—1960 年，简称一机部）、第三机械工业部（1960—1963 年，简称三机部）之下，编号均为"四局"。1963 年 9 月，军工管理体制变革，原三机部下属的军工管理总局独立设"部"，航空工业管理局成为新的三机部，1982 年 4 月更名为航空工业部。

4月，航空工业局对西安阎良进行踏勘，认为阎良地区净空条件好，试飞空域广阔，与飞行试验研究院一起在阎良建设，可以共用试飞机场，降低建设成本；同时阎良临近西安（与轰炸机厂配套的发动机厂已迁至西安），在工业协作、生产和生活物资供应等方面，条件较张掖优越。经国务院同意，轰炸机厂筹备处1957年底撤离张掖，前往西安阎良建厂。

建设中的西安飞机制造厂

1958年1月，西安飞机制造厂^①基本建设全面展开。第一机械工业部（简称一机部）^②为加快工厂建设，从一机部、航空工业局机关选调一批年富力强的领导干部，从沈阳飞机制造厂（现沈飞公司）调拨2700余名技术骨干、生产工人和管理干部。由于工厂选址在毫无工业基础的大片农田上，需要通电、通水、通路、搬迁征地，生产生活困难很大，仅水源地建设就开展了四期工程，直到改革开放后才基本满足需求。

在中央和地方的支持帮助下，干部职工和西北建筑第一公司等数十个单位的人员组成庞大的建设大军，采取边建设、边试制、边生产的"三边"办法，自力更生，艰苦创业。至1966年，工厂克服"大跃进""三年困难时期"以及苏联撤走专家、工业生活用水困难等严重影响，全面完成基本建设。工厂建设期间，党和国家领导人邓小平、聂荣臻、罗瑞卿等先后到工厂视察，给

---

① 西安飞机制造厂1958—1966年正式名称为国营陕西机械厂，之后多次更名，今名为西安飞机工业（集团）有限责任公司，简称西飞公司，A股上市公司名为中航西飞（000768.SZ）。为避免文中单位名称频繁变化，方便读者阅读理解，故在1978年以前将该厂统称"西安飞机制造厂"，1978年以后统称"西飞公司"。

② 1958年2月，一、二机部和电机制造工业部合并，组成统管全国机械工业的第一机械工业部，航空工业局归该部管理。

干部职工以巨大鼓舞。

西安飞机制造厂建成后，于 1968 年仿制出第一架国产轰 6 飞机，在其后的几十年间，通过轰 6 的改进改型以及运 7、运 20 等型号研制，成为国际知名的中国大中型军民用飞机研制生产企业。

二、西安飞机设计研究所的创建

20 世纪 50 年代末，中苏关系恶化，苏联撤走援华专家，外部援助中断。中国航空工业必须依靠自己的力量来发展航空科研，解决飞机研制和生产的技术问题。1960 年 12 月 27 日，经中共中央批准，中央军委发出成立航空、舰艇、无线电电子学三个研究院的通知。三个研究院代号分别为国防部第六研究院、第七研究院和第十研究院，分别简称六院、七院和十院。根据通知要求，第三机械工业部（简称三机部）①航空工业局将所属科研设计机构移交六院。1961 年 6 月底，六院在北京东交民巷正式成立。

同年 11 月 13 日，根据中国人民解放军总参谋部批复，海军发布组建海军特种飞机研究所的命令，决定以海航上

---

① 1960 年 9 月成立，1963 年 9 月撤销，管理国防工业，实为国防工业部 / 军工部。

一年在南京航空学院（现南京航空航天大学）成立的水上飞机设计室为基础，组建国防部第七研究院第十研究所。1963 年 12 月，总参和国防科委决定将七院十所划归六院，改称"六院十所"。随后，六院又将委托六院一所（现沈阳飞机设计研究所）组建的重型飞机设计室并入十所，仍称"六院十所"。建所初期，人员分散在南京、青岛、陕西各地，1965 年后全所人员陆续迁到西安阎良，在西安建立了飞机设计研究所[①]。

西安飞机设计研究所大门局部

① 随着航空工业管理体制的变化调整，西安飞机设计研究所隶属关系及名称代号多次变化，并在 2003 年更名为第一飞机设计研究院，简称一飞院。为方便读者阅读，避免文中单位名称频繁变化，故在 2003 年以前将该所统称"西安飞机设计研究所"，2003 年以后统称"一飞院"。

　　建所初期，技术队伍主要由海军航空兵第二航校的近60名学员，以及南京航空学院、北京航空学院、西北工业大学等院校的部分师生组成，同时在空、海军中抽调了一批从苏联航空院校留学归国的人员担任各研究室正、副主任。后来，由于各院校老师大多返校、海军航校人员多数返回海军重组的水上飞机设计研究所，根据发展需要，又从一些大专院校择优录用了几批毕业生，六院也从哈尔滨飞机制造厂①、沈阳飞机设计研究所等单位抽调180余名人员充实到该所，构成了早期的设计力量。

　　西安飞机设计研究所成立后，先后开展了"海鸥"601A水上飞机、大型运输机（指老运9，非进入21世纪后在运8基础上大改的运9）等型号的方案论证，完成"空警"1号飞机的改装研制，与西安飞机制造厂共同仿制出运7等飞机，并通过歼轰7、空警2000、运20等飞机研制，发展成为国内大中型飞机设计研究机构。西安飞机厂、所与中

---

① 即位于哈尔滨的飞机制造厂，初期为飞机修理"六大厂"之一，"一五"期间扩建为飞机制造厂，更名为国营伟建机器厂，此后多次更名，今名为哈尔滨航空工业（集团）有限责任公司，简称哈飞公司。为方便读者阅读，故在1978年以前将该厂统称"哈尔滨飞机制造厂"，1978年以后统称"哈飞公司"。

国飞行试验研究院，共同形成了中国阎良航空工业基地。

三、汉中运输机基地的创建

1964 年，面对严峻的国际形势和战争压力，中共中央决策开展三线建设①。从 1964 年 10 月开始，航空工业根据中央部署，重点建设贵州、陕南、湘西、豫西四大生产基地，同时在四川、湖北、江西等省份也进行了三线布点建设。

1967 年，国务院国家计划委员会（简称国家计委）、国防工业办公室（简称国防工办）批复同意在陕西汉中地区新建一套超声速喷气歼击机基地。1969 年 10 月，国防工办根据中央军委大力发展直升机和运输机的指示，将陕西汉中歼击机基地改为大型运输机基地，简称012 基地（现陕西飞机工业有限责任公司）。据此，第三机械工业部（简称三机部）②结合航空工业总体生产布局，决定由西安飞机制造厂包建 012 基地三家工厂，包

---

① 指通过搬迁或新建的方式，将国家工业体系布局向广大三线地区和二线地区腹地转移，以防备敌人的战争突袭。

② 1963 年 9 月成立，管理航空工业，1982 年 4 月更名为航空工业部。

括彤辉机械厂（部装）、劲松机械厂（总装）、燎原机械厂（起落架），并将运8飞机作为012基地的第一代飞机产品。西安飞机制造厂在工厂包建和运8飞机试制转厂过程中，向012基地输送干部职工1792人。

012基地按照"靠山、分散、隐蔽"的"三线建设"方针，建在秦岭南麓，包括总装、部装、机械加工、起落架、锻铸冲压、精密工具、仪表、工艺设备、机械加工等22个工厂和相关企事业单位，分布于汉中市、城固县、南郑县、勉县、洋县、西乡县、宁强县等地。

基地大多数单位位于汉中盆地冲积、洪积平原的河漫滩，以及一、二、三级阶地上，少数单位位于山区。工厂地形复杂，高差很大，一般相邻厂房标高相差1～5米，个别达10多米。建设过程中，工地上的人员没有住处，许多人办公住宿都在临时搭建的草棚屋，另有一部分人住在山洞中。草棚屋的屋顶是茅草，门窗是草席和油毛毡，屋内无床，四面透风，遇到狂风暴雨，经常是"棚外下大雨，棚内下小雨，棚外雨住了，棚内雨还滴答"。为了加快建成三线基地，建设者们战天斗地、艰苦奋战，大家挖土方、铲石头、运沙子、搬砖头，搅拌混凝土，抢着干重活。

　　1973 年夏秋之际，汉中地区连降暴雨，影响到山沟里的许多工厂。位于城固县的彤辉机械厂厂房被淹、宿舍进水，更为严重的是厂区山体滑坡，基本建设和科研生产受到很大影响，威胁着运 8 飞机能否完成转厂和试制工作。国家建委等部门高度关注，提出整治措施。012基地组织来自工厂、部队、基建公司的万名抢险治滑大军，展开"治滑保厂"大会战。经过 7 个多月紧张施工，抢险人员在山坡上打了 60 多根高 20 米、截面 2 米见方的钢筋混凝土抗滑桩，锁住山体滑动，保住了工厂。至1975 年，基地大部分工厂建成，陆续投入生产。

012 基地早期职工宿舍

基本建设初具条件后，在西安飞机制造厂的帮助下，运8飞机的仿制转产随即展开。经过几十年的艰苦奋斗，012基地先后研制出运8系列运输机，逐步发展成为中国中型运输机和特种飞机的重要研制生产基地。[①]

四、上海飞机厂、所的创建

1951年初，中央军委民航局上海龙华机场的飞机修理队伍扩编为军委民航局机械修理厂上海分厂，代号"5703厂"，职工主要为"两航起义"[②]的机务人员。同年10月，正式编为军委民航局第二修理厂，1952年5月交由航空工业局管理。到1953年，成为企业化管理的运输机和强击机修理厂。1955年，根据《关于航空工业建设的决定》中"在航空工业发展到能够集中力量制造飞机时，再把修理和制造分开"的原则，又将5703厂移

①　1978年12月，012基地的劲松机械厂、彤辉机械厂及012基地设计所合并为汉中运输机制造厂，1985年更名为陕西飞机制造公司，在此之后多次改名。为方便读者阅读和理解，1978年以后，统称"陕飞公司"。

②　1949年11月9日，原隶属于国民党政府的中国航空股份有限公司（简称中国航空）总经理刘敬宜、中央航空运输股份有限公司（简称中央航空）总经理陈卓林率10多名爱国职工驾驶12架运输机从香港飞回内地，投入新中国的怀抱。当日，"两航"职工2000多人通电起义，此后1700多人陆续回归内地，成为新中国航空事业发展初期的一支重要力量。这一震惊中外的事件史称"两航起义"。

交空军领导。

20世纪70年代，为支持上海市研制运10飞机（708工程），经国务院、中央军委批准，空军将5703厂下放给上海市领导，作为飞机总装厂，1979年3月更名为上海飞机制造厂（简称上飞厂）；同时，上海市建立了航空发动机制造厂（简称上航发）和一些机载设备厂。1973年12月，经国家批准，上海市将708工程设计组从5703厂独立出来，组建708设计院；改革开放后更名为上海飞机设计研究所。

1984年12月，上海市整合相关航空单位，组建上海航空工业公司（简称上航公司）。1986年10月，为组织MD-82客机引进生产项目，经国务院批复同意，上航公司及其所属单位实行（航空工业）部、（上海）市双重领导、以部为主的管理体制。

经过20世纪70年代至今半个多世纪的艰苦努力，以上海飞机厂、所为基础，通过运10、ARJ21、C919等型号研制任务的拉动，上海建立了航空科研生产基地，拥有一批飞机、发动机、机载设备单位，并成为中国民机研制生产的东部基地。

第二节
运输机的仿制

中国航空工业从修理起步，经过抗美援朝飞机修理的锻炼，为走向制造创造了条件。1957年，运5飞机在南昌试制成功，拉开新中国运输机发展的序幕。在20世纪六七十年代，相继在西安和汉中仿制出运7、运8两型运输机，中国运输机工业迈入新的发展阶段。

一、运5飞机的仿制

抗美援朝战争结束后，中国"一五"计划进展顺利，人民空军快速发展，对运输机提出迫切需求。1954年，江西南昌飞机制造厂（现为洪都公司）[①]在苏联雅克−18教练机的基础上试制出初教5初级教练机，但空军订货不足，工厂生产能力有很大富余。1956年初，航空工业

---

① 即位于江西南昌的飞机制造厂。在几十年的发展中，工厂多次更名，因南昌古地名为洪都，故企业名中时有"南昌""洪都"交替。1998年更名为江西洪都航空工业集团有限公司至今，简称洪都公司，其A股上市公司为洪都航空（600316.SH）。

局酝酿仿制苏联安 –2（Ａи–2）多用途轻型运输机 ^①。10月，经国防部和国家计委批准，航空工业局下达试制任务，由南昌飞机制造厂负责飞机试制，株洲发动机制造厂负责发动机试制。

1957年2月，苏联全套资料及专家到厂，开始试制工作。试制初期飞机代号"22号机""丰收 –2"，后命名为运5。南昌飞机制造厂运用初教5飞机生产所积累的经验，在吃透消化苏联资料基础上进行局部改进设计，同时尽量选用国内航空机载设备厂已经开始试制生产的成品，全机自行设计图样占到苏联原图总数的17.8%。在制造工艺方面大胆探索，采用基准孔工作法代替初教5飞机试制的标准样件工作法，以苏联工艺为参考自主编制工艺文件，并建立起一套比较完整的新机试制工艺审定制度和技术协调办法。这些做法取得了良好效果。

运5飞机使用的活塞5型气冷星形活塞式发动机，由湖南株洲发动机制造厂根据苏制阿氏 –62发动机仿制。工厂利用既有条件，积极改装并自制部分设备，只添购18台急缺机床，就完成试制任务。

---

① 苏联安东诺夫设计局在20世纪40年代末设计的一型单发双翼螺旋桨轻型运输机。

运5运输机

1957年10月制成2架飞机，12月10日首飞成功，23日通过国家临时鉴定委员会鉴定，转入成批生产，28日首批飞机交付部队服役。1958年5月，在北京全国农具展览会上展出。6月，活塞5型发动机也通过鉴定，转入成批生产。

运5飞机是一种活塞式单发、双翼、螺旋桨、后三点固定起落架的小型运输机，配装一台活塞5型发动机，最大起飞重量5.3吨，最大载重1.5吨，巡航速度

160 千米 / 时，航程 845 千米。虽然飞机性能并不特别突出，但制造简易、成本低廉，使用维护简单，飞行安全可靠，经济性很好，可用作运输机、客机、救护机，也适用于农林作业和地质勘测等。运 5 研制成功后，实现持续改进改型和较大批量生产，在军民两大领域应用广泛。

1970 年 5 月，根据上级部署，运 5 从南昌飞机制造厂转到石家庄市农业机械厂生产。1972 年 5 月，运 5 生产线从该厂分立出来，成立石家庄红星机械厂①。从 1985 年起，改型研制生产运 5B 系列飞机。

运 5 飞机是新中国生产的第一型运输机，截至 2022 年底，其系列型号累计生产 1207 架，其中在南昌生产 728 架，在石家庄生产 479 架，为中国国防建设和国民经济建设作出了贡献。由于运载量较小，飞机后期逐渐转入通航领域。目前，运 5 飞机的后续改进机型仍服务于通航事业发展。

---

① 石家庄红星机械厂曾用名"华北机械厂"，1987 年更名为石家庄飞机制造厂，现名为石家庄飞机工业有限责任公司，简称"石飞"。

二、运 7 飞机的仿制

20 世纪 60 年代初，由于中苏关系破裂，中国难以继续从苏联进口飞机，1963 年曾试图购买英国"子爵"号四发涡桨客机，但因价格昂贵作罢。1965 年国民经济调整完成后，国家在"三五"计划中提出大力发展交通运输事业，运输机的研制被提上日程。1966 年 1 月，三机部决定试制和生产适合国内航线的中短程旅客运输机。西安飞机设计研究所副所长兼总设计师徐舜寿组织人员，对国内已经引进的运输机进行调研，提出参照苏制安 –24 Б 飞机[①]进行设计研制的建议。

1966 年 4 月 7 日，三机部根据徐舜寿的建议，决定研制一种双发、上单翼、前三点式起落架布局的涡轮螺旋桨中短程支线运输机，主要用途为运载旅客、行李和零散货物等，研制工作由西安飞机制造厂和西安飞机设计研究所共同承担。7 月，厂、所共同制订了研制总方案，拟先试制、后改型，基本型为客机，然后再改型他用。11 月，国防工办正式下达参照设计任务，并命名为运 7。

---

① 20 世纪 50 年代末 60 年代初，由苏联安东诺夫设计局研制的 44 座中短程双发涡桨运输机，1963 年投入航线使用，1978 年停产，共生产约 1100 架，其中交付苏联民航 700 多架，向 12 个国家出口 130 架。

　　参照设计以西安飞机设计研究所为主，西安、南昌、成都三家飞机制造厂派人参加[①]，组成一支300多人的设计队伍。运7飞机设计工作全面展开之际，正值"文化大革命"开始，不少科技人员遭到迫害，设计工作受到很大冲击。1968年1月6日，负责领导运7飞机设计的徐舜寿因长期受迫害而含冤去世，年仅51岁。

徐舜寿

徐舜寿在阎良工作现场

---

① 位于四川成都的飞机制造厂，即今之成都飞机工业（集团）有限责任公司，简称成飞公司。

　　徐舜寿是新中国飞机设计的奠基人之一，他在旧中国时期就从事飞机设计工作，新中国成立后，他满腔热情投身新中国航空事业发展，先后在航空工业局机关、沈阳飞机制造厂飞机设计室、沈阳飞机设计研究所、西安飞机设计研究所从事飞机设计的技术领导工作，领导了那个时期中国大部分固定翼飞机的设计或仿制工作，为航空科研事业的建立和早期发展作出了卓越贡献，而且对党无限忠诚，作风温和儒雅，可谓功高德劭，是老一辈航空科技工作者的杰出代表。徐舜寿的不幸去世，不仅影响了运7飞机的试制，更是新中国航空科研事业的重大损失。1978年7月，中共中央为徐舜寿彻底平反，航空工业系统尊其为新中国飞机设计的"一代宗师"。

　　徐舜寿去世后，由任长松担任运7技术总负责人。1968年3月完成原型机设计发图、技术条件及工艺装备和工艺规程的制定。1969年2月，试制工作逐步恢复后，在积极备战的形势下，六院请示国防科委并征求空军意见，决定将试制的运7飞机直接改为军用运输机，增加跳伞设备。由于机型变更，至1969年5月完成设计任务。1970年初，西安飞机制造厂开始零件试制，先后攻克整体壁板、定向玻璃、胶结点焊等10项新工艺，突破天窗骨架、整体大梁等 15 项技术关键。
1970 年 12 月，首架运 7 飞机完成总装，并于 25 日首飞
成功。

1970 年 12 月 25 日运 7 飞机首飞

　　运 7 飞机首飞后，本来拟定以第一架飞机作为设
计定型机，但需求又出现几次变化，设计上几次反
复。1971 年，第 2 架飞机根据要求改为货机。之后，
第 3 架又根据要求改为运货 / 跳伞兼顾型。由此导致
0 批 3 架飞机三种状态。1972 年 6 月，空军、三机部联
合组成运 7 飞机设计定型技术鉴定小组，到西安检查设
计定型工作，决定按客机型设计定型。按此要求，1973

年发出全套客机图样，1974 年按图样重新组织试制，定
为 1 批，共试制 5 架。

运 7 飞机的动力装置涡桨 5 发动机，由株洲发动机
制造厂参照苏联阿伊 -24（Аи-24）发动机设计，1966
年底试制出首台发动机，并完成 100 小时试车。1967 年
转到哈尔滨发动机制造厂试制，1977 年 1 月获批设计定
型，转入成批生产。

1974 年 12 月，1 批第一架运 7 客机型试制成功，随
后重新组织开展设计定型。因受客观条件限制，遗留问
题仍然很多，包括一些机载成品未定型、一些科目未试
飞、发动机功率不足等，达不到定型大纲要求，不能设
计定型。1976 年完成 1 批最后一架飞机制造后，运 7 客
机型生产基本处于停顿状态。

三、运 8 飞机的仿制

20 世纪 60 年代中期，中国空军运输部队使用的从
苏联购买的里 -2、伊尔 -12 等运输机，其运力和航程都
不能满足部队训练和作战需求，也难以适应民航运输和
抢险救灾需要。于是，发展大中型运输机被列入航空工
业"三五"计划。1966 年 11 月，西安飞机制造厂设计

科成立新机摸底研究小组，于 1967 年 8 月提出参照设计方案。1968 年 12 月，上级决定以发展中型机为主，参照苏制安 –12 Б^① 飞机设计一种四发涡轮螺旋桨中程中型军用运输机，并命名为运 8。同月，三机部向西安飞机制造厂下达研制任务。

1969 年 3 月，运 8 设计拉开序幕，最初只有工厂的 30 多名设计人员参与设计。10 月，西安飞机厂所和空军装备研究院航空所、西北工业大学等相关单位组成一支 570 余人的设计队伍，由西安飞机制造厂设计科副科长马凤山任测绘设计领导小组组长，壮大设计力量。

由于在总方案中提出"把全世界所有运输机的优点都集中到运 8 飞机上来"和"在外形上要与苏制样机有所区别"等要求，设计总方案提出的在原准机基础上进行的 247 项改进，大多超出中国航空工业的能力，使设计工作陷入困境。

1970 年 2 月，马凤山带领设计团队认真复查测绘

---

① 安 –12 是苏联安东诺夫设计局研制的军用运输机，1956 年首飞，1958 年投产并交付使用，1973 年停产。共生产飞机约 850 架，其中民用型约 200 架。动力装置为 4 台 Аи—20M 涡桨发动机，最大起飞重量 61 吨，可载货 20 吨。除装备苏联外，还出口到波兰、印度、埃及、伊拉克等 10 多个国家。

设计方案，发现不符合原样机状态问题127项，确定恢复样机状态56项，其余71项履行审批手续后采用。至1972年2月完成全机图样设计。相较安–12飞机，运8的主要改进包括：改用轰6飞机机头罩和尾炮塔，空投装置由传送带式改为滚棒式，厚壁油箱改为薄壁油箱，液氧瓶改为气氧瓶，采用国内研制的机载导航设备等。1974年12月25日，试制的第一架运8原型机0001架首飞成功。

1973年12月，三机部安排运8试制转厂至新建的汉中012基地。转厂工作历时两年零4个月。1975年初，012基地把分散在各个县、各个山区里的20多个工厂组织起来，开展试制大会战。西安、沈阳、成都的飞机制造厂也派出熟练工人和技术人员赶来支援。会战期间，工厂夜夜灯光如昼，工人每天工作14小时以上，有的人一个多月未离开过车间。因粮食定量配给，副食又差，工人连续加班，常常饥肠辘辘，工厂党委研究决定购买高价粮，保证为夜间加班的工人每人每天发一个馒头。

1975年冬，各大部件运抵位于秦岭南麓城固县的总装厂劲松机械厂。此时，总装厂房只建成一个空壳，地坪仅打好一半，厂房无门无窗，四面透风。干部职工绞尽脑汁创造工作条件：用汽车吊加长吊臂作为应急吊装设备，用杉木杆扎成脚手架代替飞机总装工作梯，等等。大家顶着寒风在未建好的厂房中日夜奋战，不少人冻坏了手脚。

1975 年 12 月 19 日，在全国 22 个省、自治区、直辖市 260 多家工厂的大力协同下，浸透着三线建设者心血的运 8 原型机 0002 架完成总装，同年 12 月 29 日在汉中试飞成功。1977 年 1 月，0003 架也试飞成功。1976 年 5 月和 1977 年 6 月，这两架原型机先后交付部队试飞试用。1985 年，运 8 原型机获得国家科技进步奖一等奖。

运 8 是中国研制的第一型中型中程运输机，采用平直梯形悬臂式上单翼和前三点起落架布局，配装 4 台涡桨 6 发动机[1]，最大起飞重量 61 吨，最大平飞速度 640 千米 / 时，最大商载 20 吨，可空运武装士兵 96 名、空降伞兵 82 名。

---

[1] 由株洲发动机制造厂（现中国航发南方工业有限公司，简称南方公司）1969 年在俄制 Аи-20M 涡桨发动机基础上仿制，单台最大功率 3120 千瓦，1970 年 10 月，制出第一台发动机并进行台架试车，1977 年设计定型并投入批产。

运 8 飞机在汉中完成总装

1975 年 12 月 29 日，运 8 飞机 0002 架在汉中试飞成功

　　时至今日，运 8 及其改进改型一直是中国唯一的国产中型运输机，也是汉中 012 基地唯一的一型飞机产品，并衍生出一系列军民用运输机和特种飞机，在国防建设和国民经济建设中发挥了重要作用。运 8 系列飞机与基地建设发展相存相依，为基地建设完善、生存发展作出了重要贡献。

第三节
自主研制运输机的尝试

　　1958 年，毛泽东主席参观在北京中南海瀛台举办的国防工业汇报展览会的航空工业馆时，提出中国要自己设计飞机，要有自己的图波列夫 ①。随着中国航空工业基本布局建设初步完成和航空科研体系逐步建立，从 20 世纪 70 年代起，在开展运输机仿制的同时，新中国开始了自行设计运输机的尝试。

一、运 10 飞机的研制

　　20 世纪 60 年代末期，中国航空工业有了很大发展，已经能够制造歼击机、强击机、轰炸机和直升机，运输机虽然也有些进展，但大型旅客机还是空白，引起了党和国家高层的关注。1968 年 10 月，西安飞机制造厂生产的轰 6 轰炸机首飞后，周恩来总理曾问，能不能在轰 6

---

① 图波列夫是苏联著名的飞机设计师、图波列夫设计局的创始人，一生参与设计或领导设计上百种型号飞机，其中轰炸机有图 –2、图 –4、图 –12、图 –160 等，客机有图 –104、图 –114、图 –134、图 –154 等。

的基础上改一个客机①。

同期，出于加强战备考虑和大力发展直升机、运输机的要求，国家鼓励一些经济和工业基础好的地方省市生产制造飞机，时称"地方办航空"。1970年，根据上海、广州等地区制造飞机的要求，空军航空工业领导小组组织三机部、六院研究，于7月提出《关于上海、广州地区制造飞机问题的请示》。8月27日，国家计委、中央军委国防工业领导小组作出批复，原则上同意上海市试制生产运输机②、广州市及济南地区试制生产小型直升机的请示，并纳入国家计划；试制生产工作所需技术资料、试制费、原材料，以及计划下达等均由三机部统一归口。③10月下旬，三机部、六院提交报告，将大型客机命名为运10（Y10），并根据项目获批年月，对外称"708工程"，得到空军和上海市同意。

由于此时上海尚无飞机设计制造力量，而三机部、六院此时都归空军领导，空军航空工业领导小组高

---

① 王维翰主编：《难忘的运10——中国第一架大型喷气客机研制纪实》，上海文化出版社2013年版，第14页。

② 是指载人用的民用客运飞机，而非军用运输机。

③ 《上海航空工业志》编纂委员会：《上海航空工业志》，上海社会科学院出版社1996年版，第51页。

度重视，组织航空工业支持上海造飞机。作为项目的统一归口部门，三机部和六院设立相应领导和工作机构，组织航空厂所从人员、技术、工作等方面给予全力支持。

上海市作为项目实施主体，为承担项目研制任务，1970年9月，上海市革命委员会成立大型客机研制会战组，作为项目领导机构。1977年10月，上海市成立708工程办公室，负责归口管理项目研制。1978年12月，改名为上海航空工业办公室，负责统一管理上海航空工业的科研和生产建设。

运10项目研制，由上海市进行飞机设计、总装和发动机、起落架、雷达，以及其他一些零星项目的制造；其余机载设备由三机部相关专业厂为主承担。为完成这些任务，需要在上海建立飞机、发动机、机载设备的设计、制造等航空力量。

为建立上海航空设计力量，中国空军决定从空军、三机部、六院抽调一批工程技术人员支援上海。1970年9月21日，首批136人先后从西安飞机制造厂、空一所、荆门水上飞机研究所来沪，在5703厂成立708工程设计组，由六院试飞研究所所长熊焰、西安飞机制造厂设计科科长马凤山分别担任行政和技术负责人。至 1972 年，设计组已超过 600 人。1973 年 12 月，设计组从 5703 厂独立出来，组建 708 设计院。

为建立上海航空制造力量，空军将 5703 飞机修理厂下放给上海市（1973 年正式获批），作为飞机总装厂。同时，上海市建立了发动机制造厂，相关电器、无线电、仪表等单位承担相关配套任务。实际工作中，上海各承制厂都进行了改扩建，有的是另建新厂。

关于要造什么样的运 10 飞机的问题，在空军副司令、航空工业领导小组副组长曹里怀的直接主持下，三机部、六院从 1970 年 7 月就启动总体方案研究工作。一开始准备采用轰 6 机翼、参考"三叉戟"客机机身、尾吊 3 台涡扇发动机的布局方案，后来为满足不断提高的性能要求，采用机翼下吊装 4 台涡扇 8 发动机的布局方案。根据航空工业领导小组等领导部门的历次指示，1972 年 6 月，设计组确定了设计原则：开始研制时，按国际航线班机的要求进行设计，待飞机研制出来后，再根据上级要求，改为首长专机或其他型别飞机。①

---

① 《上海航空工业志》编纂委员会：《上海航空工业志》，上海社会科学院出版社 1996 年版，第 51 页。

至 1972 年底完成总体设计方案，至 1974 年 11 月发出全机结构图样，原型机试制同步展开。西安飞机制造厂大力协作，全国有关厂所院校共 300 多个单位协作支援，包括材料、系统 / 成品、标准件、部 / 附件、设备、工装等，涉及设计、研制、测试和试验等各方面。

运 10 试制处于"文化大革命"期间，受到极"左"思潮的严重干扰，有些人强调"进度就是政治"，片面追求进度，还主张不做静力试验、生产不要模线样板和工艺规程、不开成品协调会，甚至把考察进口设备称为"洋奴哲学"等。广大工程技术人员坚持航空产品质量第一，对这些干扰进行了抵制，保证了运 10 飞机的研制。[①]

1976 年 8 月，01 架静力试验机完成总装，1978 年 11 月完成全机静力破坏试验。1979 年 12 月，装用美制 JT3D–7 发动机的 02 架原型机完成总装。1980 年 9 月 26 日在上海大场机场首飞成功。

---

① 《上海航空工业志》编纂委员会：《上海航空工业志》，上海社会科学院出版社 1996 年版，第 65 页。

运 10 飞机总设计师马凤山

运 10 飞机的动力装置是涡扇 8 发动机。1971
年 2 月，由成都航空发动机制造厂完成设计并转入试
制，1973 年 9 月转由新建的上海航空发动机制造厂
继续试制。1975 年 6 月，试制出第一台发动机。到
1982 年，共有 8 台发动机投入各种试验，其中有 1
台装在波音 707 飞机上累计飞行 8 个起落 21 小时
46 分。

在此后试飞中，运 10 飞机曾飞到内地和沿海多
个地区和城市，特别是几次飞越青藏高原抵达西藏
拉萨。

1984 年 1 月 31 日运 10 飞抵拉萨

运 10 首飞之后，由于经费不足，研制工作难以继续
进行。1980 年底，上海飞机制造厂写信给中央领导反映
情况。[1]1981 年初，国家计委国防局和三机部分别向财
经领导小组作了报告，呼吁继续把运 10 研制进行下去。
4 月，国务院副总理薄一波在三机部的报告上作出批示，
要求组织专家进行全面论证。6 月，上海市和三机部联
合召开运 10 飞机专家论证会，会后，充分考虑专家组
意见，提出再研制 3 架、2 架、1 架和用第三架已制零
部件做必要的疲劳试验等 4 个方案，但未获批复。[2]1982
年初，上海市又向国家计委作了报告，请求立即恢复和

① 《上海航空工业志》编纂委员会：《上海航空工业志》，上海社会科学院
　　出版社 1996 年版，第 78 页～第 79 页。
② 同上。

继续完成第三架飞机的研制工作，但仍未获批复。[1] 至此，运10飞机除第二架机继续作少量试飞外，研制工作基本停顿。1983年10月，国家计委召集财政部、民航局、上海市、航空工业部[2] 等，讨论上海航空工业办公室提出的再投入3000万元把第3架飞机组装出来的方案，未取得成效。1985年2月，运10飞机02架原型机停止试飞，累计飞行121个起落、164小时；03架原型机制造完成65%工作量；整个项目投入5.377亿元。

运10是中国在20世纪研制的最大飞机型号。其最大起飞重量110吨，最大巡航速度974千米/时，最大航程8300千米，基本型载客量124人，旅行级149人，经济级为178～189人。运10飞机研制取得多项技术突破，如首次参考美英民机设计规范、采用尖峰式高亚声速翼型和机翼下吊装发动机气动布局、第一次将电子计算机用于飞机型号设计等，同时在设计、试验、设备、材料、标准件等方面取得许多成果。

运10飞机项目终止的原因比较复杂。有三个方面

---

[1] 《上海航空工业志》编纂委员会：《上海航空工业志》，上海社会科学院出版社1996年版，第78页～第79页。

[2] 1982年4月，三机部更名为航空工业部。

的重要原因，可供读者参考。一是国防经费大幅缩减的不利条件。时值改革开放初期，国家财政十分困难，党和国家工作重心转移，国防投入大幅下降，不少国防项目下马。当时运10研制已经投入5亿多元，而根据估计，要继续完成项目研制，还需继续投入数亿元甚至更多。二是缺乏市场用户的严酷现实。运10首飞之后，国务院相关领导、主管部门和上海市，对运10何去何从的问题都十分关注，做了积极工作。但该机未取得军民用市场需求、未获得用户支持，成为其争取国家资金支持、将项目研制继续下去的最大障碍。三是飞机自身的客观问题。改革开放后，国内经济社会迅速恢复和发展，欧美国家成熟的现代民机加快进入，民航用户和乘客对民机的要求迅速与国际接轨。20世纪70年代末80年代初，上海就开始推动与美国麦克唐纳-道格拉斯公司（简称麦道公司）合作生产干线飞机。然而，运10飞机总体性能相当于60年代初的国际水平，尚在研制中就已落后约20年，后续何时能够研制成功仍有很大不确定性。特别是中国1987年才发布适航条例并明确适航管理专门机构，虽然运10设计中曾参考英国适航条例来规范设计，但并非真正意义上的把适航纳入民机研制程序，故而在经济性、安全性、可靠性等方面与国外现役民机差距很大，客观上不具备进入新时期民航乃至军用市场的基本条件。这是运10未能获得用户青睐和支持的一个关键原因。从20世纪八九十年代几大国际合作项目受挫、21世纪ARJ21和C919研制的曲折艰辛中回头再看，20世纪70年代的中国是否具备独立研制干线客机的能力和条件，也是一个更值得思考的深刻问题。运10飞机的研制带给人们一个重要启示：民机发展必须要聚焦商业成功，尊重市场需求，遵循科学规律，量力而行、循序渐进。

运10飞机的研制是中国发展大飞机的一次重大攀登。在十多年的时间里，党和国家、军队主管部门给予极大的关心和支持，上海市、航空工业为此做出了重大努力，广大参研人员克服民机研制技术经验匮乏、设计制造试验条件简陋，以及"文化大革命"中"左"的严重干扰等多方面困难，自力更生、艰苦奋斗，把运10飞机送上蓝天，十分不易。运10项目的终止，既是中国航空事业发展的一次重大挫折，也是广大参研人员人生事业的深深遗憾。运10项目给中国民机产业发展带来了从项目决策、政策支持、管理体制，到组织管理、技术路径、节奏把握等方面的诸多思考。从20世纪90

年代起，每到关乎中国民机发展思路和战略、重大项目决策的关键时刻，这种反思和争论就会掀起一波高潮，行业外专家学者也参与其中。一波又一波的反思和争论，一直伴随着中国民机产业发展进程，这背后反映出民机产业发展的复杂和不易。

虽然运10的研制任务没有最终完成，但在探索大型飞机设计标准规范体系、设计试验体系、技术管理体系和运输类飞机适航标准，以及确定试飞方法和驾驶技术等许多方面，都进行了有益的探索实践，积累了技术经验，锻炼了一支人才队伍，在上海建立了航空科研生产基地。运10的研制为中国带来了民机适航的概念。1982年6月，航空工业部组团考察美国联邦航空管理局（FAA），回国后开始普及适航知识，呼吁国家重视适航。1987年5月，国务院正式发布民用航空器适航管理条例，并明确中国民用航空局（简称中国民航局，CAAC）负责适航管理。① 从此，中国民机研制开始被纳入适航取证的科学轨道。

---

① 王启明、郑作棣编：《中国民用飞机重大项目纪实》，航空工业出版社2014年版，第55页。

二、运 11 飞机的研制

1974 年 4 月，为适应农业、林业、地质勘探、运输等方面的需求，三机部要求哈尔滨飞机制造厂尽快研制一种小型多用途运输机。5 月，该厂通过调研完成并上报双活塞螺旋桨发动机轻型运输机的设计方案。10 月，国务院、中央军委批准研制方案，并命名为运 11。

1975 年 1 月，在总设计师齐志焜的带领下，设计工作全面开展。设计原则是以农业、林业使用为主，兼顾其他用途；突出安全可靠、使用维护简单和短距起降、土跑道起飞着陆，以及低空、低速性能，做到立足国内现有成品、采用成熟工艺等。同年 6 月完成飞机设计，11 月完成静力试验机总装，12 月完成静力试验。12 月 30 日，首架原型机在哈尔滨首飞成功，实现"当年设计、当年制造、当年上天"的研制目标。飞机采用上单翼、单垂尾、固定式前三点起落架的布局，配装两台国产活塞 6 甲发动机，最大起飞重量 3.25 吨，最大速度 220 千米 / 时，航程 965 千米。

1976 年到 1977 年 3 月，根据试飞暴露出的问题，对机头外形、机身后段、平尾翼型及燃油系统等做了大

量改进设计。1977 年 4 月，国家航空产品定型委员会
（简称航定委）同意运 11 飞机定型。此后，运 11 改型研
制出地质型和农林型，分别用于地质勘探作业和农药喷
洒、播种等。

为充分发挥运 11 飞机的作用，三机部于 1980 年
组建航空服务队，执行农林牧业的飞播施肥、防病灭
虫、农业资源及地质勘探等任务，后来发展成为中
国飞龙专业航空公司。这是中国第一家地方通用航空
公司。

执行农林作业的运 11 飞机

1986 年 12 月，中国民航局颁布《正常类、实用类、特技类飞机适航规定》。运 11 飞机因不具备单发飞行能力，不能满足适航规章要求，需要分两阶段改进改型（运 11BⅠ飞机、运 11BⅡ飞机），后因研制周期长，错过投入市场的最佳时机，1993 年运 11BⅡ飞机研制终止，共销售 44 架，在中国农林、地质领域实现一定规模的应用。

20 世纪六七十年代，除以上运输机型号外，中国航空工业还根据上级部署，开展过运 6、运 9 两型运输机研制的初步工作。

1965 年 7 月，国防工办和三机部决定，由南昌飞机制造厂牵头，以苏联伊尔 -14M 双活塞式支线运输机为原准机，改进设计制造运输机，代号为运 6。1966 年完成模线绘制、工装设计和制造。1967 年，三机部机关有人贴大字报反对仿制伊尔 -14M，主张仿制安 -24 飞机。经上级决策，停止仿制工作。

1969 年林彪提出"大搞直升机、大搞运输机"后，空军提出研制大型运输机，要求能够载运两个加强连（需载重 42 吨）、航程 8000 千米、航速 800 千米 / 时，主要用于执行机降任务；配装 4 台沈阳航空发动机厂、所正在研制的涡扇 6 甲（910）发动机，海平面单台推力约 11 吨，推重比 6；由西安飞机设计研究所负责飞机设计，代号运 9，亦称"10 号任务"。1970 年开始方案论证。因技术难度太大，1971 年停止。[①]

> 在这一时期，中国运输机发展在新中国航空工业创建、国民经济恢复发展、国家优先发展航空工业和苏联对华大规模援助的条件下，从无到有，开基立业。
>
> 伴随着抗美援朝战争的胜利结束和航空工业完成从修理到制造的转变，中国运输机发展从南昌起步，从运 5 开局，初步建成西安、汉中、上海三大运输机研制基地，形成了运输机工业"一西（西安和汉中）—东（上海）"专业布局的雏形，开展了运 5、运 7、运 8 等型号仿制和运 10、运 11 等型号自主设计，形成了运输机研制生产的初步能力。

[①] 2000 年后，国家立项在运 8 飞机基础上大改研制运 9 运输机后，1969 年的运 9 被称为"老运 9"，或标注为运 9（1969）。

但由于工业基础十分薄弱，加上受到"大跃进"、三年自然灾害、苏联撤走专家和"文化大革命"的严重干扰，中国运输机发展建设的历程比较曲折，尤其是在不具备技术能力和实力的情况下，开展的相关项目研制，大多遭遇失败，造成了较大损失和浪费。

总体上看，这一时期中国运输机技术和产品发展缓慢，仅有运5飞机投入量产，尚不具备自主研制较先进飞机的能力，还难以满足国家对军民用运输机的基本需求。

第二章

改革开放后加快运输机
发展的探索实践
（1978—1999）

　　1978 年 12 月召开的党的十一届三中全会，拉开了
中国改革开放的序幕。在此后的 20 年间，中国航空工业
的发展环境、发展任务、管理体制和经营机制持续发生
重大变化，走上了军民结合、内外结合的发展道路。这
一时期，军民用市场需求特别是民航运输业的快速发展，
对运输机提出了大量需求和高水平要求，邓小平等党和
国家领导人多次对民机发展作出重要指示批示，国家对
民机发展作出系列重大部署。在党和国家的关心支持下，
中国航空工业积极推进运输机发展，尤其在民机发展上
做出了不懈探索，取得初步成效，经历了较多曲折。

第一节
国际合作发展民机的曲折探索

改革开放为西方航空产品进入中国市场提供了历史机遇，也为中国航空工业推进国际合作创造了历史条件。中国航空工业根据国内民航运输业蓬勃发展的需求，在改革开放带来的良好国际环境中，开展了多个重大民机项目国际合作研制，对民机发展道路进行了积极探索，但因各种原因未能取得大的突破。

一、中美合作组装 MD-82/83 飞机

改革开放后，中国民航市场加快发展且展现出巨大潜力，世界民机制造商为进入中国市场展开竞争。1978 年 8 月，美国麦道公司向中国提出销售民机并实施生产合作的建议。

1979 年 10 月 30 日，中国航空技术进出口公司（简称中航技）① 与麦道公司签订 DC-9 飞机主起落架舱门带

---

① 1979 年，三机部（航空工业部）根据国家外贸管理体制改革变化而设立的外贸公司，代表三机部签订和履行国际贸易合同，组织项目实施。

料加工的基本协议，在上海飞机制造厂生产 100 架份起落架舱门。这是中国航空工业第一个转包生产合同，由此拉开了航空零部件转包生产的序幕。

将民机零部件生产向国外转包，既是国际民机制造商推进全球配套、降低成本的考量，也是为拓展国际民机市场而采取的一个竞争手段。此后，在经过了 7 年时间的相互考察、访问、洽谈后，上航公司、中国航空器材公司与麦道公司于 1985 年 3 月签署协议，在上海合作组装 25 架 MD-82 客机[①]，销售给中国民航部门。根据协议，合作形式为整机组装，上航公司负责机身装配、机翼对接、飞机总装，以及试验、试飞和交付等工作，约占全机总工作量的 14%；此外，上航公司还负责一部分配套小部件如水平尾翼、小舱门等的组装，并很快过渡到利用美方提供的原材料自制机头（后转由成飞公司试制）、水平安定面、起落架舱门、货舱门、服务门、襟翼滑轨支架等 11 个飞机部件。

---

① MD-82 属于麦道公司 MD-80 系列双发喷气式中短程客机。MD-80 系列客机于 20 世纪 70 年代末在 DC-9 基础上研制，机尾配装 2 台涡扇发动机，可载客 147 ~ 172 人，最大载重航程 3791 千米，达到 80 年代国际先进水平，为麦道公司的重点民机型号。

上海组装的麦道 MD-82 飞机

协议签署后，为在国家统一领导下抓好项目实施，上海市提出将上航公司（包括其下属上海飞机制造厂、上海发动机制造厂和上海飞机设计研究所）划归航空工业部领导。1986 年 10 月 8 日，国务院作出批示，上航公司实行航空工业部与上海市双重领导、以航空工业部为主的管理体制。

为落实好合作协议，上航公司投资 8000 多万元进行技术改造，新建几条冷、热加工生产线，20 个计算机信息管理系统，引进各种设备近千台。按要求建立了麦道公司业已得到美国 FAA 审定认可的生产程序和系统，全面推行麦道公司的项目矩阵管理，并经 FAA 重新审查通过，于 1987 年 11 月获得 FAA 颁发的长滩 ① 飞机装配生产许可证延伸，次年 6 月获得长滩飞机零部件制造生产许可证延伸。

1986 年 4 月 1 日，飞机部件正式开铆。1987 年 7 月 2 日，上航公司组装出第一架 MD-82 飞机，7 月 31 日交付中国北方航空有限公司（简称中国北方航空）。1991 年 10 月 12 日组装的第 25 架 MD-82 飞机完成交付，从而完成了组装协议规定的任务。

在 25 架飞机组装项目执行期间，考虑到项目完成后上航公司的发展，经双方多轮谈判，在 1990 年 4 月再次达成协议，再在上海总装 5 架 MD-82 飞机交付中国民航使用、5 架 MD-83 飞机返销美国。至 1994 年 10 月 18 日，上航公司组装的第 35 架飞机交付中国北方航空，合同执行完毕。

合作组装麦道飞机以及逐步开展的国际民机转包生

---

① 麦道系列民机总装生产线所在地。

产，填补了运10项目停止后上海航空工业科研生产的任务缺口，推动了中外航空工业的合作交流、互利合作。

二、中德合作研制 MPC-75 支线客机

支线飞机相对于干线飞机而言，其研制生产技术难度相对较小。改革开放后，中国吸取"文化大革命"时期不顾实际能力上马研制大飞机的教训，决定按照循序渐进的原则，将支线飞机作为发展民机的一个切入点。1984 年 5 月，经国务院领导批准，在国务院重大技术装备领导小组下设民用飞机领导小组。邓小平、李鹏等中央领导同志多次在相关讲话、批示中要求优先发展支线飞机，将来再考虑更加远程的飞机。

1986 年 3 月，国务院批准由国家计委、财政部、国家经委、国防科工委、民航局、航空工业部等 6 部委联合上报的关于民用飞机发展"七五"计划安排的报告。为落实国家决策，航空工业部决定不断改进运 7 飞机，并分三个层次发展支线飞机：通过不断改进运 12，研制 20 座级的支线飞机；新研制一型 40 ～ 45 座级支线飞机；与联邦德国 MBB 公司合作，研制一型 70 ～ 95 座级的喷气式客机 MPC-75。

与 MBB 公司合作研制民航客机，源自 1978 年底中国航空工业代表团访问西欧三国时 [1] MBB 公司提出与中国联合研制民用客机的建议。进入 20 世纪 80 年代，根据国家优先发展支线客机的政策，中德联合研制 70/90 座喷气式双发支线客机 MPC-75 项目列入中国航空工业"七五"计划。MPC 为英文 Multi-Purpose Commuter（多用途支线客机），75 指飞机基本型为 75 座级。

经过接触谈判，1985 年 10 月 3 日，航空工业部以中航技的名义与 MBB 公司运输机分部在北京签署谅解备忘录，规定双方合作进行 MPC-75 项目可行性研究。1986 年 6 月，航空工业部明确分工，西安飞机设计研究所为总设计师单位，西飞公司为生产制造定点单位，并以厂、所结合的新的西飞公司的名义对外合作 [2]，作为中方项目总承包单位。8 月 29 日，中方成立可行性研究工作领导小组，由西安飞机设计研究所所长高占民任组长。

---

① 指 1978 年 11 月 2 日至 12 月 23 日，三机部部长吕东率中国航空工业代表团访问英国、法国和联邦德国。这次考察访问，近距离了解了西方发达国家航空工业发展现状和未来发展趋势，认清了中国航空工业与世界航空工业之间的巨大差距，激发了深化改革、扩大开放、加快发展的动力，被誉为中国航空改革开放的"破冰之旅"。

② 此时航空工业正进行"厂所结合"改革，即飞机、发动机行业的设计所与制造厂相结合，以实现设计、制造一体化，提高研制生产效率，但未取得成效。

MPC-75支线客机效果图

1987年3月，国务院同意MPC-75立项。6月，航空工业部请示国务院将此项目合作列入中德两国总理会谈事项。10月，中德共同完成项目可行性研究，并在北京正式签订预发展阶段合作总协议。1988年5月，中方派出第一批联合工程队赴德国汉堡，与MBB的工程技术人员联合工作。①

由于1986年3月中国民机发展"七五"计划出台后，旋即发生了"干支之争"，并在年底调整为重点发展干线飞机，但国家无足够财力同时投资研制两型民机，导致MPC-75从立项论证开始就存在争论，但经相关方面努力，项目得以立项和推进。为了解决MPC-75项目的经费问题，

①　至项目结束，共有近200名工程技术人员赴德方参加技术合作。

中方采取了相关措施并试图通过外交渠道，争取联邦德国政府为项目提供长期低息贷款，但因种种原因未果。

为继续推进国际合作，经国务院研究决策并与德方谈判，将项目合作调整为中航技和 MBB 的公司级技术合作。中方生产分工调减到占 20%～25%，设计分工占 20.57%，承担前机身、中机身上壁板、中后机身、尾锥、垂尾的生产。1988 年 10 月，MPC-75 项目联合公司 MPCA 成立，开始预发展阶段工作。

随着工作的推进，中方因经费不足，工作份额进一步减少到 5% 左右。联邦德国方面，在 MPC-75 项目完成预发展工作后，因桨扇发动机技术不成熟、市场前景不佳，在中方承担份额减少后寻找新合作伙伴不顺利，MBB 公司被戴姆勒 – 奔驰公司（Daimler Benz）收购改组。1990 年，项目研制全面中断，1992 年终止。

三、中美合作研制国产干线客机

1986 年 3 月，国务院批准《关于民用飞机发展"七五"计划安排的报告》，决定以支线飞机为切入点加快民机发展时，国内民机发展面临一些新情况。一是国内生产的运 7 民用型飞机取得民航局适航证，开始批量交付；二是上航公司开始与美国麦道公司合作生产MD-82干线客机；三是民航部门开始购买波音737系列飞机，而且预期未来十几年国内可能需要较多的干线客机。由此，出现了究竟是重点发展支线客机还是干线客机的不同意见，产生了所谓的"干支之争"。

1986年7月30日，北航校长沈元、西工大校长季文美、南航副校长张阿舟、已退休的航空工业部飞机局原局长胡溪涛4人联名给邓小平写信，提出优先发展干线飞机的建议，得到国家科委支持。9月17日，国家科委成立干线飞机研究与生产课题组并召开第一次会议，传达国务院有关领导对发展大飞机的指示精神，并提出研究调整民机发展"七五"计划的相关准备工作。11月12日，国家科委向国务院领导报送发展干线飞机的汇报材料，提出要振兴航空工业、提高航空运输能力，起决定作用的是干线飞机；如果推迟到"八五"期间再研制干线飞机，即使到20世纪末研制出来，中国民航市场已被国外飞机占领，错过了发展时机。

12月2日，航空工业部在讨论民用飞机发展问题时，将"七五"民机发展方针调整为"干线飞机为主，支线（飞机）、专业（飞机）、直升机协调发展"。12月3日，国家科委又给国务院上报了几点补充说明，其中包括：中国交通运输结构要进一步调整，航空运输的比重要大大提高；必须立即着手研制干线飞机，时机紧迫，不容拖延；必须充分利用开放条件，尽可能引进国外先进技术，但要以自主设计、研制为主，走完自行研制的全过程。

12 月 4 日，国务院召开会议，原则同意国家科委关于发展干线飞机的汇报，并提出中国民机的发展方针：立足国内，充分利用对外开放的条件，走与外国合作生产的道路，逐步实现现代化、国产化。至此，"七五"民机发展计划作出了调整，由年初的发展支线飞机改为发展干线飞机。

会后，干线飞机项目进入论证立项阶段。经研究，国务院决策以购买 150 架干线飞机为契机，寻求国际合作研制。1988 年 10 月，干线飞机项目立项。

干线飞机立项后，选型成为关键。在国务院领导下，航空航天工业部①、民航局等相关部门经过长时间讨论以及与美国波音、麦道公司的多次谈判，最终把国产干线

---

① 1988 年，在国务院机构改革中，主管航空、航天工业的两个部门合并，4 月正式成立航空航天工业部。

飞机的选择定在 MD-90-30 改为四轮起落架的机型上 [1]。

1992 年 3 月 28 日，中航技公司代表航空航天工业部与麦道公司签署项目协议书，合作研制生产 40 架麦道客机。具体安排是，在上海先合作生产 20 架 MD-82 飞机（其中 3 架为两轮主起落架型、17 架为四轮主起落架型），再安排 20 架 MD-90-30 四轮主起落架飞机。

但协议在执行中遇到困难：一是国内机场状况和条件改善，中国民航用户要求发生变化，认为 MD-82 四轮飞机不便于使用和维护；二是美国北极星租赁公司销售给中国北方航空的 MD-82 飞机价格远低于上海生产的飞机，国产干线飞机还未生产就面临亏损问题等。因此，只有对原签订的合同进行修改，才能够执行下去。

1994 年 11 月，干线飞机合同修改协议在美国华盛顿商务大楼正式签字，议定由中国民航直接购买 20 架 MD-90-30 飞机，合作生产 20 架 MD-90-30 飞机。1994 年 12 月，外经贸部正式批准修改合同生效。

在项目执行中，国内 4 家飞机制造厂承担干线机研

---

[1] 即将两轮主起落架的 MD-90 飞机改为四轮起落架，以适应中国民航机场条件。

制生产任务。其中，上飞公司作为总制造商，负责制造平尾、缝翼、中后机身上部铆接及上下部对接、机翼装配、全机对接、总装调试、功能试验、试飞交付；成飞公司负责制造机头、登机门、服务门、登机梯等；西飞公司负责制造前机身、中后机身、翼尖、内外襟翼、翼盒、机翼固定前缘等；沈飞公司负责制造尾段、电源中心、无线电架、全机电缆等。

正当干线飞机项目全面实施的时候，1997 年 7 月波音公司兼并麦道公司。11 月，波音公司向外界宣布对麦道飞机的调整：1999 年底停止生产 MD-80/90 系列飞机。

由于 MD-90 飞机停产，中方干线飞机的生产组织、市场销售等面临巨大困难。1998 年 6 月，国务院决定中国干线飞机与波音公司相应机型同步停产。经过几轮艰苦谈判，1999 年 1 月，中国航空工业总公司（简称中航总）①与波音公司签署项目清算协议，双方放弃相互索赔，由中方生产两架飞机后项目终止。2000 年 9 月 19 日，中美合作生产的两架干线飞机交付中国北方航空，项目终止。

---

① 1993 年，航空航天工业部撤销，分别成立航空、航天两个行业性总公司。6 月，中国航空工业总公司成立，简称中航总。

20世纪90年代，在上海组装的MD-90-30飞机照片

四、中欧新联合研制 AE100 客机

由于干线飞机和当初的设想不同，只是合作生产性质，因此一些专家呼吁，要研制中国自己的干线飞机。1993年5月26日，国务院副总理邹家华在主持研究干线飞机有关问题的会议上提出，要考虑合作生产40架干线飞机以后的干线和支线飞机发展问题。11月29日，国务院下发关于干线飞机问题的会议纪要，提出要抓紧研制150座级以上的干线飞机。

在此过程中，出现一个新的契机，韩国大宇集团提出共同研制 100 座级的亚洲"空中快车"中型客机的设想。1993 年 12 月，中航总向国务院上报《关于中国干线飞机发展总体思路的请示》，提出干线飞机发展"三步走"总体方案，即以合作生产麦道飞机形成制造能力为基础，以国际合作发展 100 座级飞机为突破口，实现立足国内研制 180 座级飞机为目标。

　　"三步走"方案出台后，由于理解、认识方面的不一致，有关方面、有关专家持不同意见。主要包括：（1）100 座级飞机不是国务院要求的干线飞机，应该集中力量研制 150 座以上的飞机；（2）"三步"是高度平行交叉的，国家财力难以承受；（3）2010 年前 100 座级飞机市场需求较小，等等。

　　航空工业内外部对"三步走"总体方案的支持者和反对者争论很激烈，双方多次向国务院领导写信阐明态度和认识。随着争论和中韩交流的深入，研制 100 座级飞机的意见越来越占上风。1994 年 6 月 6 日，中、韩两国政府签署民用航空工业技术合作与开发谅解备忘录，决定合作研制 100 座级中型客机。

　　1995 年 8 月，国家计委批准中型客机项目，代号 AE100。然而，中韩双方在如何发挥各自优势、共同发展亚洲民用航空产业上，有不同理解和主张，协调谈判期间一直未能达成一致意见，最终韩方退出合作。为继续推进项目，中方开始寻找新的合作伙伴。

AE100 飞机效果图

1997 年 5 月，中航总、新加坡科技有限公司和空客亚洲公司三方签订合作研制 AE100 客机的框架协议。中航总作为项目发起人在项目中起主导作用，中、欧、新三方的股份分别为 46%、39% 和 15%。合资公司总部设在中国，飞机的主要部件、总装和试飞等工作也均安排在国内进行。这样，中、欧、新合作的格局初步形成。

1998 年 1 月，AE100 项目可行性研究报告获得国家计委批复。2 月，在项目即将启动的关键时刻，空客亚洲公司非正式通知中方，因项目未定因素较多，签署总协议时机不成熟。随后双方进行了反复沟通，但直到6月在意大利威尼斯进行最后一次谈判，也未达成一致意见。至此，AE100项目合作终止[①]。

开展MPC-75、干线飞机、AE100项目研制，是中国在20世纪八九十年代发展民用客机的三次重要尝试，未能取得预期成效，其原因是很复杂的。一方面，国际民机项目研发合作本身就是高风险事项，体现在投资额度大、技术风险高、国际竞争激烈、市场变化快、合作方利益协调难等多方面，而且政治和政策敏感度高，因而败易成难。另一方面，这一时期中国科技与经济实力、民机研发实力还不强，驾驭大型民机国际合作项目在政策、策略、能力、经验等方面，与西方发达国家相比还有较大差距。再者，民机产业特别是市场巨大的大中型民机，都攸关国家战略和企业核心利益，合作方都非常慎重，领先者不会轻易培养战略竞争对手。种种因素导致中国民机重大项目国际合作异常复杂和敏感，并最终未能取得突破。

---

① 1998年9月7日，空客公司在英国范堡罗航展上宣布，投资5亿美元研制100座级的A318飞机，并已有109架订单。

第二节
国产运输机发展的新进展

改革开放初期，中国航空工业抓住国际合作机遇，推动国际航空零部件转包生产业务兴起，引进吸收国外先进管理和技术经验，提升运输机制造能力和水平，并根据市场需求，推动了运7、运8、运12飞机系列化发展。

一、运7飞机的改进改型

改革开放后，西飞公司根据国防建设和国民经济建设的需要，持续推进运7飞机改进改型，推出运7-100、运7-200A、运7军用型等产品并交付用户，形成了系列化发展的局面。

（一）运7飞机设计定型和适航取证

运7客机型1974年首飞后，进入定型阶段。但因部分机载产品未定型、部分试飞科目未完成等原因，未能定型。1979年，民航部门要求必须解决发动机功率不足的问题，完成单发起降鉴定试飞、机体结构补充静力试验，才能交付民航使用。8月，因西安飞机设计研究所新机研制任务较重，三机部决定将运 7 设计工作转至西飞公司，完成补充设计定型。

1980 年，哈尔滨发动机制造厂完成涡桨 5 甲 –1 发动机的论证、设计、生产和鉴定试飞，发动机功率从 2550 马力提高到 2900 马力。至 1982 年，西飞公司也完成其余遗留项目。7 月，航定委批准运 7 飞机基本型设计定型，同意转入成批生产。设计定型前，累计飞行 3600 架次 /1600 小时，验证了相关性能，也暴露和解决了设计、工艺、机载设备、可靠性等方面的一批问题。

运 7 飞机采用常规上单翼布局，配装 2 台涡桨 5 甲 –1 发动机；机组 5 人，最大载客 52 人，最大商载 4.7 吨；最大起飞重量 21.8 吨，续航时间 4.5 小时；实用升限 8750 米，航程 1900 千米。飞机原材料及基本型的全部机载设备立足国内，成本低廉，价格仅为西方同类飞机的 1/3 ~ 1/2。

1984 年 1 月，中国民航局颁发运 7 飞机适航证。同月，首架运 7 飞机交付上海民航局，投入民航货运和试载客运。1986 年 4 月 29 日，运 7 飞机首飞合肥—武汉

航线，投入商业运营，结束国外民机独占国内客运市场
的历史。此后，武汉、西安、内蒙古等地民航局相继用
运 7 开辟了客运航线。

1984 年 1 月，首架运 7 飞机交付上海民航局

　　运 7 飞机是中国研制生产的第一型中短程双发螺旋
桨运输机，其试制生产过程艰难曲折。从 1966 年开始研
制至 1982 年设计定型、1984 年取得适航证，分别经历
了 16 年和 18 年。但通过艰苦努力，最终得到一个可持
续改进的涡桨支线飞机平台。

（二）运7-100飞机的辉煌与挫折

由于运7脱胎于20世纪60年代初苏联研制的安-24飞机，故与80年代国际先进支线飞机相比，在经济性和舒适性等方面存在较大差距。为进一步挖掘平台潜力，延长产品生命期，1984年12月，西飞公司与香港飞机工程公司签订改装合同，改进项目包括：换装导航、通信、雷达、航行仪表等设备，将5人驾驶体制改为3人；更新座舱内饰和生活设施；改进全机表面喷漆质量；增加翼梢小翼。

1985年8月，改装后的运7-100飞机在香港首飞成功。12月1日，国务院副总理李鹏、姚依林及各有关部委负责人40余人在北京国际机场参观并乘坐运7-100飞机。李鹏在现场主持召开国务院民航办公会议，肯定运7-100飞机"以我为主、国际合作"的发展路子，提出要支持国产民机发展，并决定"七五"期间由民航部门购买50架运7飞机投入国内航线。

改装运7-100型飞机，是中国航空工业实行"走出去，引进来"合作发展道路的第一次尝试，为运7飞机进入民航市场奠定了较好基础。此后，运7-100飞机陆续交付用户。1987年4月，该机首飞沈阳—平壤国际航线。1988 年 5 月，取得补充型号合格证（TC 证）。1989 年 3 月，取得生产许可证（PC 证）。到 20 世纪 80 年代后期，运 7 系列飞机占到中国民航机队飞机总量的 24%，有近百架飞机在 170 多条航线上运营。

运 7 系列飞机是中国民机研制的起点，填补了国产支线客机的空白。但遗憾的是，1992 年 1 月，一架运 7-100 飞机在起飞滑跑中发动机涡轮叶片断裂，民航局下令运 7 系列飞机全部停运整顿。通过整顿，从 4 月起运 7 飞机逐步恢复使用，但市场信誉受到很大影响，最终逐步停运或转为他用。从 1992 年起，运 7 飞机在国内再未卖出一架。

（三）从运 7-200A 到新舟 60

运 7-100 飞机投入航线运营后，西飞公司为进一步改善飞机性能，决定按照中国民航局 1985 年 12 月颁布的《运输类飞机适航标准》（CCAR-25）要求，分两步进行大改。第一步是加长机身，优化机翼，换装中外合作改进的涡桨 5E 发动机和 J16-G10A 螺旋桨，采用先进的电气和电子设备等，研制运 7-200B 飞机。第二步是换装国外先进发动机、螺旋桨，并相应改装有关系统，减轻飞机的空机重量等，研制运 7-200A

飞机。

1988 年 3 月，国务院批准运 7-200B 型和运 7-200A 型两型飞机立项研制。航空工业部任命西安飞机设计研究所龚国政为型号总设计师。

1990 年 10 月，运 7-200B 飞机完成首架总装，11 月 26 日首飞成功。由于在适航试飞中出现飞行阻力偏大及单发爬升率不足等问题，于 1996 年 11 月停止研制。

1991 年 12 月，运 7-200A 飞机完成图样设计，1993 年 12 月首飞成功。该机换装普惠加拿大公司 PW127 发动机、美国汉胜公司四叶螺旋桨，驾驶体制改为 2 人，采用碳刹车机轮等；客座数达到 60 座，商载增至 5.5 吨，机体减重 1 吨。

自 1995 年起，运 7-200A 开始适航试飞。由于是国内第一型按 CCAR-25 部规章设计研制的民机，很多适航审定验证项目是国内首次进行，具有一定的难度和风险，如结冰试飞、颤振试飞、最小操纵速度试飞、空中双发顺桨等。经过 4 年试飞验证，于 1998 年 5 月取得型号合格证，2000 年 12 月取得生产许可证，飞行性能和飞行品质有了很大提升。

1993 年 12 月，运 7-200A 首飞

1995 年 7 月，中国民航局认为运 7-200A 飞机与运 7 飞机在发动机、机载设备等方面已经大不相同，在推介会上提出改名建议。1998 年，西飞公司在全公司范围内征集运 7-200A 飞机商业名称，最终命名为新舟 60；其英文为"MODERN ARK 60"，缩写为 MA60，意思是"现代方舟"；"60"是指载客量为 60 座级。1999 年 6 月 18 日，中国民航局正式批复同意。1998 年，运 7-200A 飞机参加中国国际航空航天博览会① 之后，先后飞赴广州、

---

① 中国国际航空航天博览会，1996 年创办，每两年举行一届。因在广东省珠海市举办，一般称作珠海航展。

厦门、武汉、北京、哈尔滨等 11 个城市作巡回飞行表
演宣传。国内航空公司对飞机的内部装饰、舒适性、外
观质量等方面提出一些很好的意见和建议。

为更好地满足客户要求，提高市场竞争力，1999
年 3 月，西飞公司实施了以改善飞机的视觉形象、提
高乘坐舒适性为主要内容的"精品形象工程"。通过
改进，新舟 60 飞机外观形象、驾驶舱布局、客舱舒
适美观性、疲劳寿命、高温高原机场适应性等大幅提
高，空机重量进一步减轻，飞机平台性能实现大幅
提升。

（四）运 7 军用运输机的研制

运 7 飞机研制初期，中国空军就希望得到军用运输
机。运 7 研制成功后，空军联合西飞公司开展军用运输
机论证。1982 年，总参谋部将运 7 军用型列入"七五"
计划列装飞机型号。

1984 年 4 月，总参谋部、国防科工委同意运 7 军用
型按"在运 7 客机的基础上参照苏制安 -26 样机进行改
型设计"的总体方案进行研制。同年 5 月，航空工业部
明确西飞公司为研制总承包单位。于素莲、张钦良先后
担任总设计师。

运7军用运输机选用两台国产涡桨5甲-1型（军用）发动机和一台苏制涡轮喷气辅助发动机（PY19A-300），机组由5人组成，机身长度比运7飞机增加180毫米，最大起飞重量24吨，最大商载5.5吨。

1983年，西飞公司完成研制总方案，1985年完成设计发图，1987年全面展开试制，1988年11月飞机成功首飞。1991年，运7军用运输机开始交付部队，并于1992年2月设计定型。

运7军用型飞机乘载小汽车

运 7 军用运输机用户主要有空军、海军飞行学院、陆航等。此后，西飞公司在运 7 军用运输机基础上，还参照运 7-100 型飞机，改进出运 7H-500 型中短程民用货机。

二、运 8 飞机的改进改型

运 8 飞机试制成功后，中国航空工业根据国内市场的不同需求，通过持续改进改型，逐步形成气密型和非气密型两大产品序列。

（一）运 8C 气密型飞机的改进

20 世纪 80 年代初，运 8 飞机设计定型不久，就因装机成品寿命指标低、一些产品可靠性差、部队订货逐年减少等原因，生产线处于停产或半停产状态。陕飞公司①在分析国防需求和运 8 飞机优缺点基础上，把运 8 飞机从非气密型改成气密型，得到部队支持。

1986 年 6 月，航空工业部将运 8 气密型研制列入部"七五"计划，任命徐培麟为总设计师。1987 年 7 月，

---

① 即陕西飞机制造公司，今名为陕西飞机工业（集团）有限公司，均简称陕飞公司，是改革开放后由汉中 012 基地飞机总装、部装厂和飞机设计所整合而成的企业。

获得国家批复立项，明确改进的重点是机舱改为气密舱，后门改为下放式货桥大门，要求改进工作要考虑经济性，兼顾军民两用和客货两用。运8气密型命名为运8C，于1988年完成详细设计，1990年7月完成总装，同年12月17日首飞。

运 8C 气密型飞机首飞

1991年，运8C飞机转入科研试飞阶段，陕飞公司用日薪千余美元雇请的国外资深试飞员，以中国不具备相关试飞条件为由，拒绝进行风险高的"大吨位失速"试飞科目。空军试飞员邹延龄挺身而出，主动请缨。他说："外国人能飞的，我们也能飞，外国人不愿飞的，我们也敢飞。"经过精心准备，11 月 26 日，邹延龄机组出色完成试飞任务，把国外试飞员在同类飞机上试飞"失速特性"的时速由 172 千米 / 时降低到 159 千米 / 时，表明运 8C 具有更低的最小可操纵速度。此后，邹延龄出色完成运 8 系列 8 种机型 30 多个重大项目科研试飞任务，为运 8 飞机改进改型作出了重要贡献，1997 年被中央军委授予"试飞英雄"称号。

试飞英雄邹延龄

1993 年 1 月，航定委批准运 8C 设计定型。7 月 29 日，首架运 8C 交付部队使用。1996 年，运 8C 型飞机荣获国家科技进步奖三等奖。

运 8C 飞机的成功研制，特别是全机气密和重装空投的实现，从根本上提升了运 8 飞机的货运和空投空降性能，实现了运 8 飞机平台的一次跃升。20 世纪 90 年代后，陕飞公司还在运 8C 的基础上改装设计，开发出多型运 8 特种飞机，在加强中国军队信息化作战能力建设中发挥了重要作用。

（二）运 8 飞机的民用货运改型

改革开放后，为满足民用货运市场需求，陕飞公司对运 8 飞机进行了多种改进改型，形成运 8B 和运 8F 系列货机。

运 8B 是为北京腾龙货运航空公司设计改装的民用货机，1985 年开始改进设计，陕飞公司在一年内完成两架生产改装，1986 年开始交付。后因用户公司解散，飞机被退回，运 8 飞机进入民用市场首战失利。

运 8F 是为解决新疆活羊出口运输问题而改装的运羊机。在航空航天工业部、新疆维吾尔自治区和中国民航局支持下，1988 年开始改装，1989 年 10 月完

成，加装部分为供氧设备和活动式铝合金羊笼，一次可
运载活羊 500 只。1991 年 11 月，首次运载 317 只活羊
出口阿联酋。1992 年，中国先后开放新疆 4 个通商口
岸，活羊可以直接从陆路运输出口，运 8F 飞机商业运
羊工作停止。1993 年，运 8F 取得中国民航局颁发的型
号合格证，成为中国第一个取得民航型号合格证的货运
飞机。

此后，运 8F 飞机通过改进改型，先后发展出运
8-F100/200/400 等民用机型，用于邮政航空、空运空投、
通用航空等。根据国外用户需求，运 8F 还改装出口了
数架运 8D/DⅡ飞机。

三、运 12 系列飞机研制与取证

运 11 交付使用后，地质矿产部（简称地质部）在使
用中发现发动机功率小、飞机商载小的问题，向哈飞公
司提出研制比运 11 稍大的飞机用于地质勘探作业。

1979 年底，哈飞公司上报新的多用途运输机设
计方案。1980 年，三机部和地质部联合批准该方
案，暂定名为运 11T。1980 年 2 月，三机部任命卢
开仁为总设计师。飞机研制贯彻美国联邦航空规章第

23 部①要求，于 1982 年 7 月首飞。1983 年，航空工业部认为运 11T 从总体布局到基本性能与运 11 有很大不同，将其命名为运 12。其中，第一批飞机为运 12Ⅰ，换装功率更大的 PT6A–27 发动机的第二批为运 12Ⅱ。1984年 6 月，运 12Ⅱ首飞。

总设计师卢开仁在运 12 飞机前

中国民航局代表国家行使对民用飞机适航管理的职能后，于 1985 年 5 月成立运 12 飞机型号合格审定委员

---

① 即美国联邦航空规章 FAR–23 部——正常类、实用类和特技类适航标准。

会进行审查，同年 12 月为运 12Ⅱ颁发了中国第一个民机型号合格证，编号 850001 号。

1986 年初，为推进运 12 飞机取得美国或英国的适航证，从而进入国际市场，中航技公司和哈飞公司联合香港华南航空公司，向英国提出运 12 飞机型号合格证申请①。英国民用航空局经过全面审查后，于 1990 年 6 月在北京人民大会堂颁发运 12 飞机型号合格证。这是中国飞机首次获得欧美国家的型号合格证。

1992 年初，哈飞公司启动运 12 气动布局优化设计，开始在运 12Ⅱ型飞机的基础上研发运 12Ⅳ型飞机。9 月，运 12Ⅳ飞机研制方案通过航空航天工业部评审，研制工作全面展开。1993 年 8 月 30 日首飞成功，1994 年 4 月完成适航验证试飞，7 月 3 日获得中国民航局颁发的型号合格证。1995 年 3 月 26 日，获得美国联邦航空局颁发的型号合格证。

2000 年 9 月，为提高飞机高温高原性能，哈飞公司在运 12Ⅳ型飞机基础上，将动力装置更换为 750 马力的普惠加拿大公司 PT6A-135A 发动机与哈泽尔四叶低噪声

①　当时香港在英国民用航空局许可的工作区域之内，方便申请英国民用航空局型号合格证。

金属螺旋桨，改型后称为运12E，该飞机先后获得中国、美国适航当局颁发的型号合格证。

2005年10月，经国家批准立项，哈飞公司对运12E飞机实施重大更改，研制新一代双发涡桨通用支线飞机运12F。主要改进包括：动力装置改用普惠加拿大公司最大功率1100马力的PT6A-65B涡桨发动机，采用哈泽尔公司低噪声五叶金属螺旋桨；全新设计机身、机翼、尾翼，加长机身，采用综合航电系统和可收放式起落架。2010年12月，运12F首飞成功。2015年、2016年、2023年，运12F分别取得中国、美国和欧盟适航当局颁发的型号合格证，成为国内唯一同时得到中、美、欧三大适航机构认可的飞机。

运12F飞机的研制，使运12平台在保持总体气动布局不变的情况下，性能大幅提升，全机几何尺寸增加，技术性能数据提高：最大起飞重量8.4吨，最大平飞速度430千米/时，最大商载3吨，主要任务构型有豪华载客型、通用载客型、货运型、海洋监测型、跳伞训练型等。

运 12F 飞机

运 12 系列飞机的研制及其适航取证，为推动中国适航管理和适航技术体系建立、中国通用航空发展作出了重要贡献，先后获得国家重大技术装备优秀项目奖、国家科技进步奖一等奖、国家优质产品金奖等。截至 2022 年底，运 12 系列飞机累计交付 200 余架，其中累计批量交付 120 多架，分布在全球 30 多个国家和地区。

　　20世纪的最后20年，是中国航空工业在改革开放的大环境中，勇闯国际、国内两个市场，积极利用国际、国内两种资源，奋力推动运输机产业加快发展的一个重要时期。

　　这一时期，总体上是探索以国际合作发展中国运输机的道路为主，先后开展了组装生产MD-82/83和国际合作研制MPC-75、MD-90、AE100等多个重大民机项目，并带来了转包生产业务的兴起。与此同时，通过引进技术、配套产品等，不断提高飞机制造能力和水平，推动运7、运8、运12等系列产品投入使用，部分满足了国内军民用运输机需求。总体来看，中国运输机产业在探索民机发展道路方面做出了大胆尝试、艰苦努力，但是国际合作研制的多个重大民机项目都未取得成功，没有在技术发展、产品研制、市场开拓、道路探索上取得大的突破。但在此过程中，中国航空工业开始学习国际先进运输机特别是先进民航客机发展的理念、技术和管理，并在项目锻炼中开始形成机头、机翼、机身、起落架等专业化分工格局，对后续运输机发展意义重大。

本阶段运输机产业发展带来一系列思考。譬如：民机与军机在产品、服务要求上的巨大差异如何兼容的问题；技术与产品的实现与商业成功之间的关系问题；中国运输机发展的大小先后顺序问题，以国际合作为主还是以我为主的道路问题，以及由此带来的如何客观认识自身能力、遵循运输机产业和国际合作的客观规律、合理选择发展道路的问题；军工计划经济体制与民机市场化环境之间矛盾如何处理的问题。这些方面的深入反思，将在很大程度上影响后续运输机发展的思路、战略与策略。

第三章
新世纪运输机发展进入
快车道（1999—2012）

进入 21 世纪，在进一步深化改革、扩大开放中，中国经济技术快速发展，综合国力大幅提升，为航空工业发展创造了良好条件。在党和国家的高度重视下，航空工业发展迎来重大转折，科研生产任务大幅增加，体制机制持续变革，创新能力、管理能力和经济效益大幅提升，为运输机研制奠定了更好的物质基础。根据国防建设和航空运输业发展需要，国家进一步加大对运输机发展的支持力度，立项新研 ARJ21 新支线客机，决策实施大型飞机国家重大科技专项，改革航空工业体制机制，引领运输机产业发展进入快车道。

第一节
ARJ21 新支线客机研制

"十五"计划初期，中国总结前期民机发展的经验教训，最终把自主研制 ARJ21 新支线客机，作为加快振兴民机产业新的切入点和起步项目。新组建项目公司作为研制责任主体和经营主体，采用国际通行的主制造商 – 供应商管理模式，推动新支线飞机研制取得重大突破。

一、ARJ21 飞机立项与项目公司组建

在 20 世纪末期国产干线飞机、AE100 项目终止后，中国民机发展几乎处于停顿状态，政府主管部门、航空工业部门都在对前期工作进行总结反思，并在进一步深化改革中思考中国民机产业的发展道路、突围方向。航空工业系统的一些职工给国务院领导写信，呼吁国家重视民机产业发展。国务院副总理吴邦国批转国防科工委领导阅研，并指出，中国民用飞机工业的发展走过了一段弯路，今后如何发展，要认真研究，提出符合中国实

际的发展思路。

从 20 世纪 90 年代开始，涡扇支线客机在世界民航市场兴起，并逐步进入中国市场。1998—1999 年，国务院总理朱镕基、副总理李岚清在有关讲话、批示中，表达了对支线飞机发展的支持态度。

与此同时，国防科工委组织国务院有关部委、地方政府、航空工业系统等，经过一年多的反复研究，于 1999 年 9 月向国务院上报民机发展思路的专题报告。报告指出，中国尚缺乏研制现代民用飞机的实践经验，没有走完一个全过程，还不具备自主研发有市场竞争力的大中型客机的能力；民用飞机发展缓慢的原因，一是对民用飞机发展的长期性、复杂性认识不足，缺乏长期稳定的战略规划，一个项目一议，摇摆不定；二是不能全面正确地认识自己的能力。报告还提出中国民机发展"支线起步"的发展思路，即：先研制有市场竞争力、符合国际适航标准的新型支线客机并系列化发展；取得成功后再行研制新型窄体干线客机。2000 年 2 月 15 日，朱镕基主持召开总理办公会议，听取国防科工委关于民机发展思路的汇报，会议认可了"支线起步"的发展思路，决定先集中力量研制出世界水平的支线客机。

经过前期的艰辛探索，中国最终把自主研制新型涡扇支线客机（简称新支线），作为加快振兴民机产业新的切入点和起步项目。

为确保项目取得成功，国家有关部门和中航一集团[①]在进行顶层设计时，认真总结历史经验教训，将飞机技术方案论证和项目组织管理体制机制创新两方面工作统筹考虑、一体化推进。为加强组织领导，中航一集团于7月下旬在集团总部设立民用飞机部，重点加强新支线项目业务管理；9月底，成立新支线项目领导小组及其办公室，各项工作进一步加快推进。

2001年8月20日，中航一集团上报《关于新型涡扇支线飞机项目立项的请示》，提出新支线飞机采用两台涡扇发动机的尾吊布局，客舱为72座、每排5座；在坚持自主知识产权的基础上，争取多种形式的国际合作；建议新支线飞机命名为ARJ21-700（简称ARJ21飞机），"ARJ21"意为21世纪先进支线飞

---

① 1999年7月，根据国家统一部署，五大军工行业性总公司均按照"互有分工、适度竞争"的原则一分为二，拆分为十大军工企业集团，不再承担政府行政管理职能。其中，中国航空工业总公司拆分为中国航空工业第一、第二集团公司，分别简称中航一集团、中航二集团。

机，"700" 意 指 飞 机 为 70 座 级。2002 年 6 月 14 日，ARJ21 项目获批正式立项。

在 ARJ21 项目论证中，体制机制创新是一个重点。中航一集团组织研究后，提出由集团公司发起和相关参研单位投资入股，按现代企业制度成立项目公司，负责具体运作新支线项目，用市场机制研制、生产和销售飞机的建议，得到国务院认可。2002 年 8 月 20 日，上级批准设立中航商用飞机有限公司（简称中航商飞），注册地为西安高新区，本部设在上海。中航商飞由中航一集团及其下属 15 家参研的企事业单位共同投资设立，作为 ARJ21 项目研制的责任主体和经营主体。中航商飞的设立，改变了过去中国航空工业飞机研制"一（主机）厂一（设计）所一型号"的传统模式，有利于发挥整体优势，开展全国大协作。

中航商飞成立以后，采用国际通行的主制造商 - 供应商管理模式，利用股东单位的人才资源和技术优势，并采用公开透明的招标方式选择供应商，推动飞机设计、制造单位和供应商组成有机整体，实现高效运转。同时，大力推进市场研究与开发体系、完善民用飞机研制体系、创建与国际接轨的民用飞机客户服务体系"三大体系"建设。总经理汤小平在公司大力倡导"对市场的特殊理解和对用户的特别关注"的"两观"(市场观、客户观)理念,推动干部职工转变思想观念,按市场规律办事。中航一集团也在全集团范围内开展"两观"教育,要求在军民两大领域都要树立和践行市场观、客户观。

中航商飞的成立,是中国民机产业发展历史上的一件大事。它表明,经过20世纪八九十年代民机发展的艰辛曲折探索,在进入21世纪之后,中国从政府管理部门到工业部门,都清醒认识到民机产业发展具有自身明显而独特的产业属性、市场属性,必须遵循市场经济规律和民机产业发展自身规律,才有可能实现商业成功和持续发展。

二、ARJ21飞机设计制造和首飞

中航商飞成立后,加快推进飞机设计和制造成为重中之重的任务。为整合国内设计力量承担飞机设计任务,经国家批准,中航一集团将西安、上海的两个飞机设计所整合为大中型飞机设计研究院,名为中国航空工业第一飞机设计研究院，简称一飞院。2003年6月底，一飞院及其上海分院（上海飞机设计研究所）相继成立，7月起开始接手飞机详细设计工作。吴兴世、吴光辉、陈勇等先后担任飞机总设计师。

ARJ21飞机采用下单翼、高平尾、机身尾部吊挂两台发动机布局，动力装置选用美国通用电器公司（GE）的CF34-10A涡扇发动机，最大起飞重量40.5吨，标准型航程2220千米。

作为一型新研的支线客机，ARJ21项目研制从一开始就把适航纳入项目研制程序和技术规范。2003年3月，该项目纳入中国民航局适航审定轨道，并于2007年开始接受美国联邦航空局的适航审查技术支持。

2003年12月，一飞院分别向上海、西安、沈阳、成都4家企业发放飞机零部件图样，4家工厂同时实现零件加工开工。2004年1月底，ARJ21项目转入工程发展阶段，发图工作全面展开。4月底，实现零部件开铆。

从2005年初开始，一飞院对ARJ21飞机详细设计进行全面设计复查，提出飞机超重且气动阻力大、高平尾深失速、发动机进气道气流畸变三大技术问题，飞机研制面临重大技术风险。随后，中航一集团组织由顾诵芬院士牵头的专项评审专家组，到上海进行技术检查。根据专家组审查意见，一飞院开展以"减阻、减重、增升"为重点的设计优化工作，并派副院长吴光辉到上海主持设计工作。2005年12月底、2006年1月底，先后完成全机结构和系统发图，完成优化设计。

为满足新机研制需要，中航商飞对上飞公司大场基地进行技术改造，于2007年底全部完成，具备了ARJ21总装、试飞和飞机水平尾翼批量生产的能力。同时，在上海市政府支持下，在闵行区紫竹科技园区建设ARJ21飞机客户支援中心，于2008年11月建成投入使用。

按照ARJ21项目研制分工，机头制造由成飞公司负责，机翼和大部分的机身制造由西飞公司负责，飞机后段和发动机吊挂制造由沈飞公司负责，雷达罩由济南特种结构研究所负责，飞机总装集成由上飞公司完成。从2006年9月开始，在各参研单位的大力协同下，首架ARJ21飞机的前机身、机头、中机身、机翼、后机身、尾段等大型部件先后制造完成，并于2007年3月全部交付。

2007 年 3 月 30 日，首架 ARJ21 飞机（101 架）在上飞公司开始总装，6 月 28 日进入大部件对接。2007 年 9 月 20 日，ARJ21 总装"百日会战"动员誓师大会在上飞公司举行，上海市委书记习近平出席大会并作重要讲话。9 月 28 日，ARJ21 静力试验机（01 架）完成总装。

2007 年 12 月 21 日，ARJ21 飞机 101 架在上海总装下线。国务院副总理曾培炎、上海市委书记俞正声出席下线仪式，并启动下线装置。此后，中航商飞与深航鲲鹏航空公司签订 50 架购机合同和 50 架意向订单，飞机订单累计达 173 架。

2008 年，中国航空工业管理体制发生重大变革，5 月 11 日中国商飞挂牌成立，中航商飞等单位成建制划归中国商飞领导。其后，由中航一、二集团重组整合的中国航空工业集团公司也相继成立。两家企业成立联合指挥部，加强组织领导和质量管理，ARJ21 飞机研制项目继续加快推进。

同年 11 月 28 日 12 时 23 分，ARJ21 飞机 101 架由赵鹏机组驾驶，在上海大场机场首飞成功，项目研制实现里程碑式的重大突破。

2008 年 11 月 28 日，ARJ21 新支线飞机 101 架机首飞成功

第二节
大型飞机重大科技专项的立项与实施

尽管在 20 世纪最后 20 年，中国发展大飞机的努力遭受挫折，但中国人民发展大飞机的准备和努力一直没有停歇。进入 21 世纪，随着综合国力的不断提升，国家在立项研制 ARJ21 涡扇新支线客机以后，又把研制大型飞机列入国家重大科技专项，同时起步研制大型客机和大型运输机，并明确将其作为创新型国家的标志性工程，中国运输机的发展进入崭新阶段。

一、大飞机专项立项与航空工业管理体制改革

研制生产大型飞机，是一个国家综合国力、科技实力的综合体现。研制中国的大型飞机，是中国航空工业几代人的夙愿。21 世纪初，在国家组织论证立项研制 ARJ21 涡扇新支线客机的同时，有关院士、专家提出了重启大飞机研制的建议。

2003 年 3 月，中国科学院王大珩院士联合 20 多名院士专家，向国务院提交了《关于发展我国大型飞机的

建议案》，建议大力发展大飞机，[1] 得到国务院重视。在国家中长期科学和技术发展规划编制中，"大型飞机"被纳入国家重大科技专项予以研究论证。

2003 年 11 月，国务院成立国家重大科技专项论证组，"大型飞机"被列为论证组开展论证的首个重大专项。2004 年 11 月，航空工业两院院士顾诵芬执笔起草了由 16 位航空科技界院士、专家集体签名的《关于发展我国大型飞机的思考和建议》，呈送国家领导人和决策机构，提出"一个工程起步，两种机型并举；军民结合，创新机制，统筹推进，分步实施"的发展思路，并建议将大飞机列入国家重大专项，尽快立项组织实施。[2]

经过各方面的呼吁和两年多的研究论证，2006 年 2 月 9 日，国务院颁布《国家中长期科学和技术发展规划纲要（2006—2020）》，大型飞机被确定为未来 15 年力争取得突破的重大科技专项之一。7 月 17 日，国务院成立大型飞机重大专项方案论证委员会，组织专家组开展方案论证工作。

---

[1] 归永嘉、李韶华、雷杰佳著：《张彦仲传》，航空工业出版社、人民出版社 2021 年版，第 234 页。

[2] 宋庆国主编、杨关执笔：《国之大运——中国大型运输机运 20 研制纪实》，航空工业出版社 2018 年版，第 38 页～第 39 页。

在大飞机专项立项前，关于其方案的争论已持续较长时间，概括起来主要有"四大争论"：军民之争，即大飞机是搞军机还是民机；大小之争，即搞多大的大飞机；内外之争，即是自主研制还是国际合作；东西之争，即大飞机是定点上海还是陕西。① 对于这些问题，专家组通过深入研究论证，提出方案建议：大飞机专项实行"军民统筹"，军、民两型大飞机同时立项、分线研制；大型客机实行"先小后大"，先从150座级切入，成功后再搞250座级；② 大飞机专项实行"内外结合"，坚持自主创新、以我为主，部分开展国际合作；在分工上实行"东西兼顾"，大型运输机总装定点在陕西省，大型客机总装定点在上海市。同时，对于大型客机项目体制机制问题，建议组建多元化投资的大型客机股份公司，作为项目责任主体，对国家负责。③

2007年1月，论证委员会形成《大型飞机重大专项方案论证报告》，上报国务院审批。2月26日，国务

---

① 归永嘉、李韶华、雷杰佳著：《张彦仲传》，航空工业出版社、人民出版社2021年版，第237页。
② 同上，第240页。
③ 同上，第243页。

院召开第 170 次常务会，听取大型飞机方案论证工作汇报，原则批准大型飞机研制重大科技专项正式立项，同意组建大型客机股份公司，尽快开展工作。[①]

2007 年 8 月 30 日，第 192 次中央政治局常委会听取并同意国务院关于大型飞机重大专项的报告，同意筹建大型客机公司，并决定成立筹备组。[②] 筹备组主要肩负三项使命：筹备成立大型客机公司、研究航空工业管理体制改革、推进科研项目尽早实施。

筹备组成立后，在中航一集团大北窑办公大楼集中，下设 5 个组，经过 4 个多月的筹备，提出大型客机公司的体制方案和股权组成，并提出将中航一、二集团合并为一个集团公司的意见，一并上报国务院。[③]

2008 年 2 月 29 日，国务院第 211 次常务会正式批准筹备组提出的这两个方案。会后又成立两个筹备组：以张庆伟为组长的中国商用飞机股份有限公司（简称中国商飞）筹备组，以林左鸣为组长的中国航空工业集团

---

① 归永嘉、李韶华、雷杰佳著：《张彦仲传》，航空工业出版社、人民出版社 2021 年版，第 245 页。
② 同上，第 246 页~第 247 页。
③ 同上，第 247 页。事实上，是形成大型客机公司组建方案、航空工业管理体制改革方案这两个方案的送审稿。

公司筹备组，分别负责组建这两个新公司。[①]

2008 年 3 月 13 日，国务院批复中国商用飞机股份有限公司组建方案，同意成立中国商飞。2008 年 5 月 11 日，中国商飞在上海挂牌成立，中航商飞、上航公司本部、一飞院上海分院、上飞公司等单位成建制划归中国商飞领导。

2008 年 10 月 21 日，国务院批准中国航空工业集团公司（简称航空工业集团）[②] 组建方案和公司章程。11 月 6 日，完成工商注册，在北京挂牌成立。

实施大型飞机国家重大科技专项，是中共中央、国务院加快发展大飞机，并以此推动中国航空工业科技创新，进而带动国内科技创新和产业升级的一项重大举措。根据重大专项实施和航空工业发展需要，同步实施航空工业管理体制重大改革，中国航空工业发展进入新

[①] 归永嘉、李韶华、雷杰佳著：《张彦仲传》，航空工业出版社、人民出版社 2021 年版，第 247 页。其中，中国航空工业集团公司为拟由中航一、二集团重组成立的新集团。

[②] 2008 年 11 月—2017 年 5 月简称中航工业；2017 年 6 月—2018 年 8 月简称航空工业，并于 2017 年 12 月底完成公司制改制，更名为中国航空工业集团有限公司；根据国务院国资委 2018 年 9 月下发的《关于修订有关中央企业规范简称的通知》，简称航空工业集团。为简化叙事，后文统称为航空工业集团。

的历史阶段。

二、运 20 大型运输机启动研制

20 世纪 90 年代初，"海湾战争"爆发，开启了世界新军事变革的进程，也深刻影响着中国的军事战略和军队建设进程，中国空军开始从国土防御向攻防兼备转型，对大型运输机提出紧迫需求。因此，中国航空工业在 20 世纪 90 年代就开展了大型运输机方案论证和关键技术课题研究相关工作。

进入 21 世纪，中国经济社会快速发展，综合国力持续快速提升，为大飞机研制创造了更好的物质技术基础。中国军队现役运输机主要是国产的运 7、运 8 系列中型运输机，以及少量俄制伊尔 –76 大型运输机，在运力、航程、技术水平等方面，不能满足国防现代化建设需要。2005 年，中航一集团联合部队用户，决定由一飞院牵头，启动大型运输机预先研究。此后，在大型飞机重大科技专项论证中，国家把大型运输机纳入专项，以实现军民统筹，节约资源。

2007 年 6 月 20 日，运 20 大型运输机项目正式立项。飞机最大起飞重量为 200 吨级，采用悬臂式上单翼、T形尾翼、翼下吊挂4台涡轮风扇发动机和多轮多支柱前三点式起落架的总体布局。上级确定由中航一集团承担大型运输机总体研制任务，一飞院为总设计师单位，西飞公司为主制造商并承担总装集成任务。同年12月，国务院总理温家宝来到位于西安阎良的一飞院和西飞公司视察，提出让中国的大飞机飞上蓝天的殷切希望。

在运20项目研制上，中国航空工业面临巨大挑战。在技术上，是从几十吨级的中型运输机到200吨级的大型运输机的巨大跨越，面临着较大技术风险；在管理上，是1000多家单位的大协作，参研单位之多、系统之复杂、跨越区域之广，在航空产品研制史上前所未有；研制周期也很紧张，挑战很大。

为克服困难挑战、高效推进项目研制，2008年航空工业集团成立后，决定"集行业之智慧，举全国之力"，以举国体制推进项目研制；同时对运20飞机研制的组织管理实行行政管理与合同管理相结合的研制组织模式，研制过程全面应用基于模型定义（MBD）的数字化设计和数字化制造技术，实现飞机研制生产的全三维数字化设计、全过程数字量传递，完成设计制造体系和能力水平的换代升级。

一飞院按照"面向使用、面向制造、面向市场"的原则，在设计中引入适航性管理，由此衍生出大量新技术、新材料、新工艺，使第一轮选型方案就达到五六十种之多。设计过程创新应用数十项关键核心技术，攻克机载系统数百项技术难关。

2008年，为验证设计制造的关键技术、有效控制技术风险，"两总"系统（总设计师系统和总制造师系统）决策研制运20多功能全尺寸物理样机，并借此验证了基础设计技术，打通了数字化生产的流程，完成了机体结构制造的摸底，发挥了技术协调、工艺性验证、维修性验证、功能验证、部件力学试验、展示性样机六大功能，极大地增强了研制全线的信心。

为满足飞机性能要求，西飞公司与其他5家承制商开展数十项科研课题研究、数百项生产技术攻关，攻克大型飞机数字化装配技术、大型机翼带筋整体壁板喷丸成型等百余项关键制造技术，形成以总装集成、部件数字化装配、零件精准制造、复材主承力件制造等为主的核心制造能力。

2011年，运20原型机001架飞机开铆。2012年，机身、机翼、垂尾的数字化对接相继完成，系统总装、机上地面试验、首飞前准备三条主线并行展开。由于装配协同关系极其复杂、地面试验规模和复杂程度是其他中小型型号的数倍乃至数十倍之多，为全力保证研制节点，50多家协作单位的保障队伍由主管领导带队，齐聚西飞公司总装车间，许多职工日夜工作和吃住在现场，全力保障首飞节点。

2012年7月，运20原型机001架完成总装，年底达到首飞状态。

三、C919大型客机启动研制

中国商飞2008年成立后，建立主制造商－供应商管理研制模式，构建集全国之智、面向全球的研制生产体系，在国内外参研单位／供应商的大力支持下，加快推进项目研制。

2008年，中国商飞聘吴光辉为总设计师。7月，召开大型客机项目论证动员大会，会议提出要坚持中国特色，体现技术进步，聚全国之智，举全国之力，开展大型客机可行性论证工作。会后，迅速组建以上海飞机设计研究所为核心的联合工程队，在国务院大型飞机方案论证委员会和大型客机项目筹备组的论证结果基础上，进一步深化可行性研究和总体技术方案。同期，中国商飞正式聘请中国工程院院士张彦仲等 20 名国内航空及相关领域专家，成立专家咨询组。经过 6 个月的论证及咨询评审，明确了大型客机的市场定位和设计要求，并形成初步总体技术方案。

2009 年 1 月，中国商飞正式发布首个单通道常规布局 150 座级大型客机概念，机型代号"COMAC919"（简称 C919）。C919 主要技术性能指标为：基本型混合级布局为 158 座，全经济级布局为 168 座，高密度布局 174座；标准航程型设计航程为 4075 千米，增大航程型设计航程为 5555 千米，可满足航空公司对不同航线的运营需求。

12 月 16 日，C919 大型客机基本总体技术方案通过评审，项目正式转入初步设计阶段，进入预发展阶段。12 月 21 日，选定 CFM 国际公司作为 C919 项目动力装置国外唯一供应商。

2010 年 10 月 28 日，中国商飞正式向中国民航局提出 C919 型号合格证申请，很快得到受理，适航取证工作拉开序幕。11 月 16 日至 21 日，中国商飞在中国国际航空航天博览会上与中国国际航空股份有限公司（简称中国国际航空）等 6 家用户签署 C919 启动用户协议，获得 100 架启动订单。同时，C919 项目 1：1 展示样机也在航展上首次展出。

2010 年 11 月 15 日，C919 大型客机展示样机在中国国际航空航天博览会上首次展出

　　2011 年 9 月 16 日，中国商飞召开 C919 项目机载系统联合定义阶段总结大会，标志该项工作全面结束。9 月 23 日至 25 日，C919 项目通过中国商飞组织的初步设计评审。12 月 7 日至 9 日，C919 项目初步设计评审暨

转阶段会议召开，评审专家委员会一致认为，项目初步设计阶段研制工作完整、有效，飞机总体技术方案合理可行，可以进入详细设计阶段。

经过这个阶段的努力，中国商飞基本确定了飞机总体技术方案，完成了三大样机和七大部段研制以及一系列相关试验；建立了符合适航要求的设计保证体系，适航审定基础和符合性验证计划初步确定；各类供应商选定与相关能力建设顺利推进，为后续研制奠定了良好基础。

第三节
运9中型运输机的研制

21世纪初期，中国军队使用大中型运输机保障各类演习演练，以及执行抗震救灾等非军事行动的数量和频次持续增加，现役运8飞机的性能不能完全满足需求。

2004年底，陕飞公司综合型号持续发展需要和部队装备需求两方面因素，决定发展新的中型中程运输机，满足现役运8更新换代需要。2005年，陕飞公司决定在运8C气密型飞机基础上，利用空警200飞机研制成果，选用4台涡桨发动机、六叶复合材料螺旋桨，改进研制新型运输机；并任命总设计师，配合部队完成新型运输机战术技术指标及技术经济可行性论证，以及飞机研制总体方案。

2009年5月，运8飞机改进研制项目获得批复立项，随后被命名为运9飞机。研制批安排两架试制样机，其中01号机为改装飞机，主要承担设计定型试飞任务；02号机为新投产飞机，主要承担空投空降、强度等试飞任务。同年11月，运9飞机研制总要求和总体方案通过评审。

在运9飞机设计过程中，陕飞公司攻克了空投特性优化、装载系统设计、空投瞄准系统研制三大技术难关。2010年3月完成详细设计，于5月进入制造阶段。

运9飞机试制采用数字化制造技术，实现了从模拟量制造到数字量制造的转变。研制人员搭建飞机工装协同设计系统，开展数字化三维工艺设计和工装设计，突破大部件装配数字化调姿、安装定位及数字化测量、数字化协调、无余量装配和机器人制孔、自动钻铆等技术，解决了研制过程中的并行、协调和数据管理问题，实现了生产过程无纸化，提高了研制质量，缩短了研制周期。

在试制过程中，研制一线克服时间紧、任务重等各种困难，多措并举、短线攻关，用半年时间完成部装、总装、试飞调试等工作。11月5日，运9样机01号机在陕西城固机场成功首飞。2011年，运9飞机完成调整试飞，转入设计定型试飞。2013年获批设计定型，开始装备部队。

运 9 飞机

运 9 飞机是新型多用途战术运输机，货舱宽敞、装卸方便、机场适应性强、用途广泛。通过运 9 飞机的研制，实现运 8 飞机平台的升级换代，产生新的中型运输机平台，提升了中国战术运输机的装备技术水平，陕飞公司也实现了飞机研制技术和能力的大幅提升。

第四节
"新舟"系列支线飞机的新突破

进入 21 世纪，西飞公司依据客户建议和市场需要，对新舟 60 飞机的安全性、经济性和舒适性进行诸多改进和完善，使飞机整体性能大幅提升，形成了新舟 60、新舟 600 和新舟 600F 系列化、多用途的产品格局，初步塑造了国产民机"新舟"家族的品牌形象。

一、新舟 60 飞机进入市场

21 世纪初，西飞公司先后投入 3 亿多元，实施新舟 60 飞机"精品形象工程"，效果明显，从政府部门到工业部门，对新舟 60 飞机走向市场及后续发展寄予厚望。

2000 年 3 月 12 日，西飞公司与四川航空股份有限公司（简称四川航空）在北京南苑机场签订新舟 60 飞机 5 架正式购机合同和 5 架意向协议，这是西飞公司自 1992 年运 7 飞机全面停飞后，售出的第一批民用客机，国务院副总理李岚清、吴邦国等出席购机签字仪式并乘坐了新舟 60 飞机。4 月 6 日，西飞公司又与中国北方航空签订 3 架购机合同。

2000 年 8 月 3 日，首架新舟 60 飞机交付四川航空公司。11 月 7 日，西飞公司与深圳金融租赁公司签订 60 架购机框架协议，成为自新舟 60 飞机推出后所签订的最大一笔订单。其后，西飞公司又签订了一些购机合同。

新舟 60 飞机

新舟 60 飞机走向市场并非一帆风顺。2001 年 8 月 5 日，在首架新舟 60 飞机投入运营一年后，四川航空公司宣布将其停飞，宣称停飞理由是售后服务不好、运营成本高等。9月14日，中国北方航空接着宣布取消3架新舟60飞机订单。面对市场反馈，西飞公司分析认为，造成新舟60飞机运营亏损的原因是航线选择不当，旅客上座率达不到60%这一盈亏平衡点。2002年8月初至2003年6月底，武汉航空公司在使用新舟60飞机运营中出现三次不同的飞行事故征候，中国民航局调查结果均为飞行员操作失误，并责令停飞，进行培训整顿。在处理过程中，武汉航空公司被重组，宣布决定停飞新舟60飞机。这一系列事件，导致新舟60飞机在中国民航前后停飞5年之久，国内市场开拓再度遭遇严重挫折。

为继续推进飞机销售，西飞公司在不断改进完善产品的同时，转而加强国际市场开拓。2004年9月，中国商务部将新舟60飞机列为重点高科技外贸产品。11月2日，中国与津巴布韦正式签署两架新舟60飞机销售合同，以及援助一架飞机的政府间协议，新舟60飞机由此实现国际市场销售"零"的突破。

此后，西飞公司与中航技公司建立销售合作机制，共同推进新舟60飞机走向国际市场。2006年6月7日，西飞公司与印度尼西亚鸽记航空公司在北京人民大会堂签订 15 架新舟 60 飞机购销合同，国产支线客机开始批量进入国际市场。此后，新舟 60 飞机逐渐赢得国外客户信赖，相继出口赞比亚、刚果（布）、老挝、印度尼西亚、玻利维亚等国家，整体运营情况较好。

在国际市场销售成果的带动下，新舟 60 飞机国内销售形势也出现好转，奥凯航空、幸福航空、英安航空等航空公司先后购买该机投入支线运输。

在市场开拓过程中，中航一集团、西飞公司和中航技公司吸取以往经验教训，在飞机生产、质量控制、飞机交付等方面下功夫，尤其外场服务、备件支持、技术出版物、培训等方面取得很大进步，提高了用户满意度。西飞公司完成军民机分线经营，建立健全民机"设计、制造、质量、服务、营销"五大保证体系，提升了民机业务发展能力。

二、新舟 600/600F 的研制

在新舟 60 市场推介过程中，一些用户提出增加延伸航程运行能力、实现门梯合一、改进综合控制与综合显示等要求。针对市场反馈，西飞公司开始对新舟 60 进

行新一轮改进方案论证。

2005年，中航一集团为巩固和扩大新舟60飞机市场份额，形成系列化的涡桨支线飞机产品系列，提高国产涡桨支线飞机整体技术水平和市场竞争力，提出系列化发展新舟飞机的构想：第一步，提升新舟60飞机平台水平，改进研制新舟600客机和新舟600货机；第二步，按照现代先进民机设计理念，自主研制适合中短程航线运营的先进涡桨支线飞机——新舟700飞机，并取得中国和美国适航许可证，以满足未来10～30年国内国际市场需求。

2005年9月，中航一集团向上级提交新舟60飞机改进型项目建议书。2006年4月，上级原则同意立项，此后正式命名为新舟600飞机。2008年3月，中航一集团正式向西飞公司下达研制任务，并任命吕海为总设计师。

新舟600飞机在新舟60飞机基础上，开展了优化飞机机体结构、采用综合航电显示控制系统、改进飞机内饰和舱内布置、增加延伸航程运行能力、降低机身重量5项改进。2006年初完成设计总方案和工艺总方案，2007年1月开始零件制造，2008年6月完成首架机总装，同年 10 月完成首飞。改进后的新舟 600 飞机在维修性、操控性、使用经济性、乘坐舒适性等方面都有大幅提高。

2008 年 11 月，新舟 600 飞机在第七届中国国际航空航天博览会上进行飞行表演，并在航展上签订 12 架飞机销售合同，其中中国民用航空飞行学院 2 架、幸福航空公司 10 架。

2010 年 5 月和 12 月，新舟 600 飞机先后取得中国民航局颁发的型号合格证和生产许可证。年底，首架飞机交付中国民用航空飞行学院。

2006 年底，西飞公司在生产新舟 600 飞机的同时，提出新舟 600F 民用货机研制建议书。2007 年，在中航一集团内部立项。2008 年，新舟 600F 列入中国航空工业技术创新基金支持项目，同年 4 月开始研制，2012 年 10 月首飞，2013 年取得型号合格证和生产许可证。2019 年 8 月，首架新舟 600F 货机交付中航货运航空有限公司。新舟 600 客机和货机的研制，填补了"新舟"系列飞机的代际空白和机型空白。

截至 2022 年底，"新舟"系列飞机累计交付 122 架，其中国内 59 架、国外 63 架，运营在亚洲、非洲、

2012 年 10 月，新舟 600F 首飞

南美洲、大洋洲等 21 个国家和地区、37 家用户、300 多条航线上，运送旅客超过 1200 万人次。

"新舟"系列飞机是中国民用客机产业发展的先行者、探路者。在 20 多年的艰辛发展历程中，既有成绩和经验，也有挫折和教训，经验教训都弥足珍贵，对民机产业后续发展具有积极借鉴意义。

第五节
与巴西航空工业合资组装支线客机和
公务机

21 世纪初期，中国航空工业瞄准国内民航市场对涡扇支线客机的需求，与巴西航空工业在哈尔滨组建合资公司，先后组装交付 41 架 ERJ145 飞机和 5 架莱格赛650（Legacy650）飞机，产生了一定经济效益。

一、合资组装和销售 ERJ145 支线客机

2000 年 2 月，国务院决策自主研制新型涡扇支线飞机，并由中航一集团牵头开展项目论证。在此过程中，中航二集团对国际合作研制新支线客机进行思考，提出初步方案，得到国务院领导的支持。

经过论证并与潜在合作伙伴磋商后，中航二集团认为引入先进机型在国内合资生产，符合中国国情，顺应市场需要。经与国际主要支线飞机制造商接洽和综合考察，中航二集团最终选择与巴西航空工业公司（Embraer S.A.，简称巴西航空工业，又称安博威公司）开展民机合作。

2002 年 7 月，合资组装 ERJ145 系列飞机项目获国务院批准立项，并于 12 月正式签订合同。合同明确，合资公司建成后应具备年产 24 架 30 ~ 50 座级喷气式支线飞机的能力，面向中国市场销售。

2003 年 1 月，经中国商务部批准，由哈飞公司与巴西安博威共同投资设立合资公司，命名为哈尔滨安博威飞机工业有限公司（简称哈尔滨安博威），项目总投资 4000 万美元，巴西安博威占 51%，哈飞公司占 49%。

哈尔滨安博威成立以后，制订了"三步走"战略计划：第一步，总装生产 ERJ145 飞机；第二步，逐步提高 ERJ145 飞机零部件生产的中国化率；第三步，根据市场需求探索联合开发新机型。

2003 年 12 月，在哈尔滨总装的首架 ERJ145 首飞，2004 年 6 月交付中国南方航空公司。至 2010 年底，累计向国内航空公司交付飞机 38 架，合作生产销售 ERJ145 系列飞机的第一步工作达到预期目标。

2011 年以后，随着世界支线航空市场环境的变化，ERJ145 系列飞机在国内外销售开始出现困难，大量飞机订单未能执行。2011 年 4 月，合作生产 ERJ145 飞机的项目终止，累计在国内组装交付 41 架飞机。

2007 年 9 月 28 日，全球第 1000 架暨海南航空大新华快运
首架 ERJ145 在哈尔滨交付

二、继续组装和销售莱格赛 650 公务机

ERJ145 项目结束后，为了维持合资公司经营，经谈判，2011 年 4 月 12 日，航空工业集团与巴西安博威在北京签署合作框架协议，利用现有的基础设施、设备、资金和人力资源，总装生产巴西安博威的大型公务机莱格赛 600/650（Legacy600/650）。

2012 年 5 月，项目得到中国国家发改委批复。同年

6月21日，巴西"里约+20"峰会期间，在中国国务院总理温家宝和巴西总统罗塞夫见证下，航空工业集团与巴西安博威签署颁布项目启动公告。中国工银金融租赁有限公司与哈尔滨安博威签署10架莱格赛650购机协议，其中5架确认订单、5架意向订单。

2013年1月，首架机开始在哈尔滨组装。哈尔滨安博威克服了从ERJ145到莱格赛650两个机型之间15年的技术跨度，完成了飞机生产组装，于8月26日首飞，年底实现商业交付。至2016年3月，完成全部5架确认订单的组装和交付。

哈尔滨安博威公司总装生产的莱格赛650公务机

此时，因国内市场需求发生变化等因素，经过双方股东综合评估，决定结束合作生产。2018年6月，哈尔滨安博威公司完成注销。

进入21世纪的头10余年，是中国民机产业在历经20世纪的曲折探索后，以国家综合国力、航空工业研发能力大幅提升为基础，以军民用领域紧迫需求、国家政策支持为引领，在反思中再奋起、再出发，并实现历史性转折和重大突破的重要阶段。

这个时期，运输机发展新增了几大项目。一是2002年立项研制的ARJ21涡扇新支线客机，这是21世纪民机再起航的第一个重大新项目；二是2009年基于运8大改的运9项目，这在当时也属于军品的较大项目；三是2007年设立的军民统筹的国家大型飞机重大科技专项，这是对国产运输机发展具有重大历史影响的重磅项目。这些项目，直接给中国运输机的发展带来了重大转折，走上了以我为主、开放合作的科学道路。

到 2012 年，ARJ21 飞机在历尽艰辛后实现首飞，运 20 大型运输机完成总装、即将首飞，C919 大型客机研制加快推进，"新舟"系列、运 12 系列持续改进和销售。此外，中国航空工业还通过成立航空公司（幸福航空、成都航空）和民机租赁公司（中航租赁）等方式，在培育国产民机市场、支持国产民机商业运营等方面，做出积极尝试。

这个时期，中国运输机发展的又一条线是体制机制改革。基于对民机产业的市场属性、军工思想观念和体制机制等方面的深刻认识，在 ARJ21 项目研制中新设多元化投资的项目公司——中航商飞，在 C919 项目实施中进一步新组建中国商飞，其目的都是力图建立市场化的管理体制和运行机制。这是这个时期运输机发展的重大变革和显著特点，并由此推动了航空工业管理体制、运行机制的重大变革。通过持续的改革调整，在健全完善民机产业发展体制机制、增强市场观和客户观方面取得显著进步，并进一步形成了以陕西和上海为龙头的"一西一东"、分工各有侧重的两大运输机研制生产基地。

第四章

在新时代航空强国征程中跨越发展（2012—2022）

党的十八大以来，中国特色社会主义事业进入新时代。以习近平同志为核心的党中央作出建设航空强国的战略部署①，航空工业迎来全面深化改革、创新驱动、军民并举、加快发展的新时期。运输机战线在建设新时代航空强国战略目标的指引下，勇担兴装强军重任，在军用运输机方面，实现运20大型运输机、运9中型运

---

① 2016年8月28日，中国航空发动机集团有限公司（简称中国航发）挂牌成立，习近平总书记在批示中号召为把我国建设成为航空强国而不懈奋斗。2018年10月20日，习近平总书记对AG600大型水陆两栖飞机水上首飞成功作出重要批示，要求继续弘扬航空报国精神，为实现建设航空强国目标而奋斗。此后，党和国家、上级机关也以各种形式对建设航空强国提出明确要求，作出重大部署。

输机列装交付；民用运输机方面，由 C919、CR929、ARJ21、新舟 700 等组成的"两干两支"齐头并进，推动中国运输机实现新的跨越发展。

第一节
运 20 大型运输机列装成军

运 20 大型运输机从 2007 年立项研制以来，经过研制全线 5 年多时间的协力攻坚，至 2012 年底，运 20 原型机完成总装和试飞前的相关测试、准备工作，达到首飞状态。2013 年 1 月 26 日首飞成功，转入科研试飞阶段，先后开展了高温高湿、高寒、高原、大侧风等试飞工作，历时 119 天，南北穿越 16 个省份，地面转场 2 万余千米。

2013 年 1 月 26 日，运 20 大型运输机首飞

此后，还开展了飞行性能、操稳特性、失速特性、颤振特性、空中开舱门、航电系统、发动机和辅助动力系统（APU）空中起动、空中应急放油等飞机平台与系统的试飞。到 2016 年完成试飞鉴定，并于当年完成小批生产。2016 年 7 月，中国空军举行运 20 飞机授装接装仪式，运 20 飞机正式交付部队，列装成军。

运 20 飞机首次交付空军

运 20 装备部队后，在军企双方的共同努力下，先后完成空运、空投、空降等多种课目演练，遂行作战运输和人道救援任务的能力不断提高，形成了全地域、全天候、全时段作战能力。在参加部队战训中，运20远海出巡、飞赴"世界屋脊的屋脊"（西藏阿里地区），先后参加朱日和阅兵、国庆70周年阅兵、2019空军开放日等活动。2020年完成新冠疫情抗疫物资运输武汉、运送中国人民解放军仪仗大队参加莫斯科红场阅兵、参加"高加索—2020"、朱日和空投空降演习、赴韩接志愿军英烈遗骸归国，以及多次国际运输任务，彰显了大国重器的影响力。

运20飞机是中国国防现代化建设、科技自主创新取得的重大成果。运20的成功研制，实现了中国运输机从中小型到大型的重大跨越，极大增强了中国军队的战略力量远程投送能力，大幅提高了快速反应能力、机动作战能力和持续作战能力，成为中国空军向"空天一体，攻防兼备"战略空军转型的一项重大装备，成为中国综合国力的又一张"大国名片"。

通过运20的研制，中国突破大型运输机研制关键技术，掌握大型复杂航空系统工程研制管理规律，形成200吨级先进大型运输机研制生产能力。参研航空厂所掌握了基于MBD技术的全三维设计制造技术，攻克一大批大飞机研制先进技术，实现飞机研制从传统的机械制造，向以大规模异地数字化协同、系统分级集成验证、设计工艺一体化迭代、模块化制造交付为代表的现代制造的转变，完成设计制造体系和能力水平的重大升级。研制过程中熔铸的"大情怀、大奉献、大协同、大跨越、大运载"的"大运精神"，拓展了航空型号文化，丰富了"航空报国"精神内涵。

此外，通过国家重大科技专项工程的牵引，带动机械、电子、冶金、新材料、自动控制等相关领域技术取得新的突破。

第二节
C919 和 CR929 两型干线飞机的研制

进入新时代，民用飞机制造业成为航空强国、交通强国等强国战略的重要领域，在加快经济社会高质量发展、推进中国式现代化大局中，责任更加重大。国家出台相关政策，加快推动民机制造业发展。中国航空工业强化使命担当，狠抓任务落实，推动民机发展取得新的历史性突破，呈现出前所未有的振兴态势。

一、C919 干线飞机研制成功

C919 大型客机项目研制从 2008 年启动，经过 5 年时间的努力，到 2012 年完成初步设计，转入详细设计阶段。2012 年后，在中国商飞的组织下，C919 飞机研制工作围绕详细设计、全面试制、综合试验全面展开，并于 2013 年完成机体结构生产数据发放，实现铁鸟试验开试，首架飞机机体结构开始试制。

2014 年 5 月 23 日，习近平总书记在上海考察期间，专程来到中国商飞设计研发中心，并登上 C919 大型客机展示样机，对 C919 寄予了殷切期望，强调一定要把装备制造业搞上去，把大飞机搞上去，起带动作用、标志性作用。2014 年，完成翼身组合体综合验证试验件、前机身大部段、机头部段等生产交付，并在中国商飞总装制造中心开始总装。

2015 年 3 月，C919 项目完成详细设计，转入全面试制阶段。11 月 2 日，首架机在中国商飞总装下线，项目研制取得重大进展。习近平总书记作出重要指示，向广大参研单位和人员表示热烈的祝贺。

2016 年 11 月 1 日，在第 11 届中国国际航空航天博览会上，中国商飞与中国东方航空公司签署合作框架协议，基本确定东方航空为 C919 大型客机的全球首家用户。11 月 8 日，C919 大型客机 2.5g 机动平衡工况限制载荷静力试验成功，为首飞奠定了基础。

2017 年 5 月 5 日，首架机在上海浦东成功首飞。中共中央、国务院发来贺电，国务院副总理马凯、上海市委书记韩正出席首飞仪式。此后至 2019 年，第 102 架～第 106 架机先后完成制造和首飞。

2017 年 5 月 5 日，首架 C919 干线客机在上海浦东机场首飞成功

从 2018 年起，C919 大型客机进入试飞阶段。中国商飞先后投入 6 架飞机开展"6 机 4 地"大强度试飞，按照研制程序和适航审定要求，开展了一系列试验试飞，验证了飞机性能。2019 年 11 月，C919 大型客机静力试验机全机顶起静力试验机翼顶起点局部结构严重工况极限载荷静力试验完成，标志着该机静力试验机取证前的所有静力试验圆满完成。2020 年 11 月，中国民航上海航空器适航审定中心签发 C919 项目首个型号检查核准书，C919 飞机正式进入局方审定试飞阶段。

2022 年，C919 完成全部试验试飞任务，验证了飞机各项性能，分别于 9 月 29 日、11 月 29 日取得中国民航局颁发的型号合格证和生产许可证，标志着国产大型客机研制成功，可以交付民航用户，实现项目研制的重大里程碑目标。9 月 30 日，习近平总书记在北京人民大会堂接见研制团队代表，并参观项目成果展览，肯定了项目研制取得的阶段性成就。

2022 年 12 月 9 日，全球首架 C919 飞机交付中国东方航空。2023 年 5 月 28 日，中国东方航空注册号"B-919A"的 C919 飞机执飞上海—北京航线，完成首次商业航班飞行，正式进入民航市场。截至 2022 年底，C919 大型客机累计获得 32 家客户的 1035 架订单，体现了民航用户对国产大型客机发展的关心和支持。

在 C919 大型客机研制中，中国航空工业攻克了 100 多项核心技术、关键技术，形成了支撑项目研制的技术和管理体系与能力；通过"主制造商－供应商"项目研制模式，初步构建了"以中国商飞为核心，联合航空工业集团，辐射全国，面向全球"的国产大型客机产业链创新链，初步探索出一条"中国设计、系统集成、全球招标，逐步提升国产化"的中国民机发展道路；项目研制带动了航空动力、航电、飞控、电源、燃油、起落架等机载系统产业发展；陕西、四川、江西、辽宁、江苏等22个省市、200多家企业、近20万人参与项目研制，陕西、江苏、湖南、江西等省建立了一批航空产业配套园区。各参研单位为项目成功作出了重要贡献。

航空工业集团作为主要参研单位，组织下属30多家单位参与项目研制。其中，成飞民机、西飞公司、沈飞民机、洪都公司、哈飞公司、昌飞公司、特种所和费舍尔航空部件（镇江）有限公司8家单位分别承担机头、机身、机翼、翼身整流罩、吊挂等绝大部分机体结构件研制工作；强度所承担100%全机强度试验任务，试飞中心承担70%以上的试飞任务；机载行业自主研制9个系统设备，参与研制7个系统，并合资合作研制10个主要系统，全力支撑C919项目研制。

二、启动中俄CR929干线飞机研制

进入21世纪以来，中俄在政治、经济、科技等领域的务实合作持续加强。中国商飞2008年5月成立后，在加快推进ARJ21新支线飞机研制、全力开展C919

大型客机研制的同时，开始酝酿宽体客机概念。同年7月，俄罗斯联合航空制造集团公司（UAC）总裁费德罗夫（Fedorov）访问中国商飞，表达联合研发宽体客机的合作意愿。2010年11月，中俄两国总理会晤时，共同提出未来联合研制新型飞机的构想。2011年4月，国务院召开专题会议，提出与俄方联合开展远程宽体客机项目合作的要求。6月，中国商飞与UAC公司组建联合工作组，启动联合论证工作。

2014年5月，在中国国家主席习近平和俄罗斯总统普京的共同见证下，中国商飞和UAC签署新型远程宽体飞机项目合作备忘录。6月，为期三年的前期联合论证结束，完成全球航空市场调研、确定宽体客机的市场定位、形成远程宽体客机概念方案等，项目转入型号研制合作阶段，宽体客机研制工作正式启动。项目研制关键技术攻关和可行性研究等工作稳步推进，至2016年4月完成初步总体技术方案。6月25日，中国商飞与UAC公司签署项目合资合同，确定项目合作关系，11月成立合资公司筹备组。

2017年5月22日，中俄国际商用飞机有限责任公司在上海挂牌成立。9月29日，该公司宣布，中俄远程宽体客机正式命名为 CR929，并发布公司 Logo。
2017 年 9 月，完成项目可行性研究报告。12 月，CR929
飞机全尺寸复合材料机身壁板工艺件试制成功。

CR929 飞机效果图

2018 年，中俄联合团队在上海、莫斯科两地开展
集中办公，双方统一飞机外形尺寸、总体布局、特征重
量等主要设计参数，完善飞机总体技术方案，项目进
入初步设计阶段。3 月 22 日，CR929 飞机发动机及主
要机载系统联合概念定义工作正式启动。11 月，飞机
1：1 展示样机首次在第 12 届中国国际航空航天博览会
上展出。12 月 26 日，复合材料前机身攻关全尺寸筒段
（15 米 ×6 米）实现总装下线。2019 年 8 月 27 日，CR929

飞机展示样机在第 14 届莫斯科国际航空航天展览会上展出。

　　CR929 宽体客机项目是中俄两国在航空高科技领域的重大战略性合作项目，受到两国元首高度关注，项目研制对巩固和深化中俄全面战略协作伙伴关系、促进中国民机产业发展、技术升级具有重大战略意义。

第三节
ARJ21 和新舟 700 支线飞机的新突破

在干线民机加快发展的同时，国产支线飞机发展也不断取得新的突破。其中，ARJ21 涡扇新支线飞机完成适航取证并进入航线运营。新舟 700 涡桨支线飞机立项并展开全面试制。新研国产支线飞机形成"一扇一桨"两型比翼双飞的局面。

一、ARJ21 飞机投入航线运营

ARJ21 飞机 2008 年首飞成功之后，转入试飞阶段。2009 年 1 月，中国商飞聘任公司副总经理罗荣怀为 ARJ21 项目总指挥，加强组织领导，加快推进研制进程。至 2010 年，4 架试飞样机先后完成试制和首飞，相继转入试验试飞。

从 2008—2014 年的 6 年间，ARJ21 完成研发试飞和验证试飞两个阶段工作，累计试飞 2942 架次 /5257 飞行小时 38 分。其中，2014 年 3—4 月在加拿大安大略省温莎机场进行自然结冰试飞，完成全部科目试飞任务，填补国内多项空白。

　　ARJ21飞机6年的试验试飞、适航取证工作曲折而艰辛，全面检验了中国民用飞机的设计、制造、试验水平，也检验了民用飞机项目管理特别是供应商管理和适航管理能力，完善了飞机设计，锻炼和提高了研发队伍。通过系列验证试飞，中国初步掌握了民机适航验证试飞的方法和组织管理，建立了局方试飞员队伍，形成了局方审定试飞的管理程序。

　　其间，中国民航局为ARJ21适航审定做了大量工作。2014年12月，ARJ21取得中国民航局颁发的型号合格证，2017年7月又取得生产许可证。

　　2013年12月30日，ARJ21飞机首批交付飞机在上海总装下线。2015年11月29日，首架ARJ21飞机交付成都航空有限公司（简称成都航空），拉开了飞机交付投入航线运营的序幕。至此，中国走完了喷气式支线客机设计、试制、试验、试飞、取证、生产、交付全过程，具备了喷气式支线客机的研制能力和适航审定能力，中国民机产业发展取得重大突破。

　　2016年6月28日，成都航空ARJ21飞机首飞成都—上海航线，开启ARJ21以成都为基地的航线运营。

12月7日，取得刚果（布）适航证，这是 ARJ21 飞机取得的第一个国外适航证。2019 年 10 月 26 日，ARJ21 首飞哈尔滨—符拉迪沃斯托克（海参崴）国际航线。

从 2016 年起，中国商飞为加快 ARJ21 飞机商业成功，针对飞机飞行过程中暴露的问题和用户提出的意见建议，开始设计优化攻关工作并持续完善批生产管理体系。2018 年完成 1540 多项设计优化改进项目，大幅降低了直接维修成本，实现全机减重 236 千克。2019 年推进"三好一降一能"（好制造、好维修、好运行、降成本、能竞争）工作，完成 40 项设计优化项目及 28 项国产化项目，解除全部运行限制，全机减重 250 千克，客舱最大座级提升至 97 座。

国产新支线客机研制得到国内航空公司的大力支持。2020 年，江西航空、中国东方航空、中国国际航空、中国南方航空、华夏航空等先后接收 ARJ21 飞机并投入航线运营。截至 2022 年底，ARJ21 飞机累计获得 735 架订单，交付 100 架；开辟 316 条运营航线，通航 118 个城市，安全载客近 600 万人次。

ARJ21 飞机落户汕头航空有限公司

ARJ21 飞机项目是中国"十五"规划的重大高科技发展项目之一，是在对运 10 飞机和其他民机国际合作项目进行深刻反思基础上，按照新理念、新机制，尊重民机发展规律，自主创新发展中国民机产业的一次艰苦探索和重要实践。在十多年的艰辛研制历程中，中国逐步掌握了现代民机研制的国际标准，积累了重大创新工程的项目管理经验，具备了按国际标准开展支线飞机适航审定的能力。作为进入 21 世纪后中国立项研制的第一型民机，ARJ21 先期研制中积累的技术研发和组织管理上的正反两方面经验，对后续民机项目研制具有重要借鉴意义。

二、新舟 700 飞机的研制

为推进新舟飞机系列化发展，中航一集团 2005 年决定全新研制新舟 700 先进涡桨支线飞机，满足未来 10 ~ 30 年内国内国际市场需求。2006 年，西飞公司在新舟 600 飞机研制的同时，开始新舟 700 飞机的前期论证。2008 年 5 月，中航一集团批复同意内部立项，研制按照项目公司方式运作。西飞公司作为研发主体，开始围绕飞机主要系统与供应商建立联系。

航空工业集团 2008 年重组成立后，对新舟 700 飞机研制高度重视，强调该机是集团公司进入世界涡桨支线飞机市场、成为国际一流涡桨支线飞机供应商的品牌机型。在集团的大力推动下，西飞公司 2011 年完成全球市场调研，明确主要技术指标和经济性指标，成立项目平台公司，组建由西飞公司和一飞院组成的联合设计团队，完成主要系统供应商选择等，基本完成立项论证和预研工作，在市场研究、总体设计、关键技术攻关等方面都取得突破。

2012 年 9 月，航空工业集团发布《进一步加强民用运输类飞机产业发展的决定》，决定通过发展新一代 70 座级涡桨支线飞机，推动支线飞机系列化发展。新舟

700采用上单翼、T形尾翼、2台涡桨发动机（翼吊）、复合材料螺旋桨、前三点式可收放机身起落架布局，客舱标准布局76座，主要承担800千米以内中等运量市场的区域航空运输业务，燃油消耗、运营成本和维修成本均低于同类飞机。

2013年5月，上级对以新舟飞机为代表的涡桨支线飞机的系列化、产业化发展作出明确部署。12月，上级批复新舟700项目立项后，航空工业集团任命董建鸿为总设计师；决定由一飞院与西飞公司组成的联合设计团队负责飞机设计和试验工作，由西飞公司负责生产制造、市场营销、客户服务等工作。

2014年1月，新舟700完成飞机联合概念定义阶段工作，转入初步设计阶段。研制团队开展了翼身组合体、机头鸟撞等主要结构研发试验，完成飞机架构定义，发布飞机总体设计方案，搭建项目协同研制平台，型号合格证申请获得中国民航局的受理。同时，西飞公司还构建了国内外供应商体系，签署了相关系统的合作意向书等。

新舟700项目研制之初，航空工业集团就十分重视项目的商业成功，努力按照民机发展规律，加强相关体制机制建设。为落实项目研制主体责任，2015年4月，由中航飞机股份有限公司（简称中航飞机）[1]、相关航空单位共同出资，成立中航飞机西安民机有限责任公司（简称西安民机），负责项目组织和供应链管理。2016年11月，中航飞机实施民机业务整合，"新舟"系列飞机业务转入西安民机。2017年5月，进一步整合后的西安民机改称中航西飞民用飞机有限公司，简称西飞民机。

2017年1月，新舟700飞机研制进入详细设计阶段。12月，首批2架机（静力试验机、首飞试飞机）零件开始投入生产。2019年2月，完成全机结构、系统详细设计发图。到2019年底，累计取得285架意向订单。

2020年3月，静力试验机001架完成总装，交付进行强度试验。12月，完成001架67%全机静力试验。同月，原型机101架机完成总装交付，开始进行试飞前的调试工作。

---

[1] 航空工业集团成立之后，在推进专业化整合中，将西飞公司、一飞院、陕飞公司等从事大中型飞机研制生产的单位整合设立为中航飞机公司，在后续改革中撤销，组建西飞产业集团。

新舟 700 翼身组合体下架

新舟 700 飞机是中国自主研制的新一代先进涡桨支线飞机。研制成功后，将为"新舟"系列飞机巩固和扩大国内外市场，提供一型更有竞争力的产品，进一步完善国产民机谱系，促进产业化发展。

党的十八大以来，以习近平同志为核心的党中央高度重视航空工业发展，作出建设新时代航空强国的战略部署，加大政策支持力度。中国航空工业在加强党的建设、全面深化改革、加快创新驱动中进一步激发动能，肩负强国强军使命，实现加快腾飞。这些构成了这个时期运输机产业发展的大背景、大逻辑。

新时代非凡十年，是中国运输机产业进一步加快发展、实现重大跨越、取得历史性成就的重要时期。在运输机研制上，运20大型运输机研制成功并列装成军，成为新时代大国强军的又一张靓丽名片；运9飞机成为特种飞机的重要平台，焕发新生。民用客机呈现"两干两支"发展态势，其中C919大型客机、ARJ21涡扇支线客机完成适航取证，投入航线运营，分别有上千架和700多架订单；中俄宽体客机CR929、国产新型涡桨支线客机新舟700开展研制。

新中国航空工业创建70多年来，在中国共产党的坚强领导下，在各行各业的大力支持下，几代航空人胸怀梦想，矢志不渝，砥砺奋进，推动中国运输机从无到有、从小到大、从弱到强，建立了完整的运输机科研生产体系，基本具备了研制先进军民用运输机的综合实力，实现了运输机军民协同、同步发展，取得了举世瞩目的巨大成就。中国运输机事业正鲲鹏展翅、载梦飞升，展现出光明的发展前景。

奋进新时代、迈向新征程。党和国家的高度重视，综合国力的持续提升，为航空工业的发展奠定了坚实基础；新时代强国强军伟大事业，为运输机发展赋予了时代使命。我们相信，通过40万航空人的赓续奋斗，我国运输机事业一定能够早日跻身世界强者之林，强力支撑航空强国、科技强国、交通强国和世界一流军队建设等强国强军战略，为实现中华民族伟大复兴贡献更加磅礴的航空力量。

后　　记

　　《中国运输机简史》是中国航空工业集团有限公司组织编纂出版的系列航空工业简史之一。2023年初，集团公司党建文宣部下达计划，由西飞公司承担编纂任务。西飞公司高度重视，指定由科技与信息化部及其下属的西飞档案馆负责。

　　编纂工作从4月启动以来，西飞档案馆车永业等同志克服单位航史工作任务繁重的实际困难，以集团正牵头编纂的《中国工业史·航空工业卷》为基础素材，进一步收集补充完善史料资料，进行系统研究，在集团党建文宣部航史办的直接指导和主导下，拟定史稿大纲，开展史稿编纂，经几轮修改完善，9月上报集团公司；航史办进行系统审改并组织评审，之后再修改定稿后，由航空工业出版社出版。

　　在此过程中，西飞公司科技与信息化部、档案馆精心组织，西飞公司、一飞院、陕飞公司、哈飞公司等单位相关领导和专家参与材料提供及稿件审读。航空工业集团党建文宣部领导关心支持、审改把关，民机国合部、项目管理中心等参与稿件审查，汤小平、高占民、王启明、王荣阳等航空工业老专家参与评审把关，付出了智慧和心血。

本书编纂得到中国商飞办公室、档案馆的大力支持。书中 MD-82/83 合作生产与 ARJ21、C919、CR929 等参考《中国工业史·航空工业卷》中由中国商飞编纂的相关内容，相关图片由中国商飞提供，中国商飞档案馆高级工程师张强同志参与书稿评审。借此特予说明并致谢！

在本书编纂过程中，由王启明、郑作棣主编的《中国民用飞机重大项目纪实》，由归永嘉、李韶华、雷杰佳所著的《张彦仲传》，由当年参研老前辈编写回忆、由王维翰主编成书的《难忘的运 10》，由上海市组织编纂的《上海航空工业志》，提供了相关珍贵史料，让我们深感侥幸并深怀感激。如果没有这些单位、作者的担当，及时把这批珍贵史料资料记载下来、整理出来、保存下来，其中的相当部分恐早已消散在历史的尘烟之中，给航空工业留下永久的遗憾。幸运的是，无论过去和现在，无论是组织行为还是个人行为，都有一支队伍，通过多种途径和方式，在为祖国的航空工业修史立典、著书立传。因他们的博大情怀、使命情结和辛勤付出，航空工业的历史得以传承、血脉得以赓续、精神得以弘扬。在航空强国新征程中，为航空工业修史立典、存史启智、兴文化人的使命更加光荣而艰巨，新时代呼唤更多航空工业修史立典人！

"史书万卷皆家国"。借此，向所有本书参编单位、部门和专家们，对所有在过去、现在和将来，为航空工业修史立典、传承文明的人们表示衷心感谢，并致以崇高敬意！

因成书较为仓促，加之编者水平所限，本书难免存在差距不足，敬请广大专家、读者批评指正。

编 者

2023 年 10 月